DEUTSCHE DEMOKRATISCHE REPUBLIK
DEUTSCHE AKADEMIE
DER LANDWIRTSCHAFTSWISSENSCHAFTEN ZU BERLIN

ALBRECHT-THAER-ARCHIV

ARBEITEN AUS DEN GEBIETEN BODENKUNDE, PFLANZENERNÄHRUNG, ACKER- UND PFLANZENBAU

AKADEMIE-VERLAG · BERLIN

1966 · 10. BAND

Herausgeber: Deutsche Demokratische Republik · Deutsche Akademie der Landwirtschaftswissenschaften zu Berlin

Chefredakteur: Prof. Dr. agr. habil. ERWIN PLACHY
Redaktionelle Bearbeitung: Dipl.-Landw. RENATE STUBBE

Das Albrecht-Thaer-Archiv erscheint in Heften mit einem Umfang von je 6 Druckbogen (96 Seiten). Die innerhalb eines Jahres herausgegebenen 12 Hefte bilden einen Band. Das letzte Heft eines Bandes enthält Autoren- und Sachverzeichnis.

Der Bezugspreis je Heft beträgt 5,– MDN.

Die Schriftleitung nimmt nur Manuskripte an, deren Gesamtumfang 20 Schreibmaschinenseiten (zweizeilig) nicht überschreitet und die bisher noch nicht, auch nicht in anderer Form, im In- oder Ausland veröffentlicht wurden. Jeder Arbeit ist ein Autorreferat zur Vorankündigung (nicht länger als $1^1/_2$ Schreibmaschinenseiten) sowie eine Zusammenfassung mit den wichtigsten Ergebnissen (nicht länger als 20 Zeilen), wenn möglich auch in russischer und englischer bzw. französischer Sprache, beizufügen. Gegebenenfalls erfolgt die Übersetzung in der Akademie.

Manuskripte (zweifach) sind zu senden an die Schriftleitung, Deutsche Akademie der Landwirtschaftswissenschaften zu Berlin, 108 Berlin, Krausenstraße 38–39.

Die Autoren erhalten Umbruchabzüge zur Korrektur mit befristeter Terminstellung. Bei Nichteinhaltung der Termine erteilt die Redaktion Imprimatur.

Für jede Arbeit werden unentgeltlich 100 Sonderdrucke geliefert. Das Honorar beträgt 40,– MDN je Druckbogen und schließt auch die Urheberrechte für das Bildmaterial ein. Dissertationen, auch gekürzte bzw. geänderte, werden nicht honoriert.

Verlag: Akademie-Verlag GmbH, 108 Berlin, Leipziger Straße 3–4, Fernruf: 220441. Telex-Nr. 011773. Postscheckkonto: Berlin 35021. Bestellnummer: 1051.

Veröffentlicht unter der Lizenznummer 1285 des Presseamtes beim Vorsitzenden des Ministerrates der Deutschen Demokratischen Republik.

Gesamtherstellung: VEB Druckhaus Maxim Gorki, 74 Altenburg.

Autorenverzeichnis

Sachverzeichnis

DEUTSCHE DEMOKRATISCHE REPUBLIK
DEUTSCHE AKADEMIE
DER LANDWIRTSCHAFTSWISSENSCHAFTEN ZU BERLIN

ALBRECHT-THAER-ARCHIV

AKADEMIE-VERLAG · BERLIN

THEORIA CUM PRAXI

1966 · 10. BAND · HEFT 1

Thaer-Arch. Bd. 10 (1966) H. 1, S. 1–73, Berlin

Herausgeber: Deutsche Demokratische Republik · Deutsche Akademie der Landwirtschaftswissenschaften zu Berlin

Chefredakteur: Prof. Dr. agr. habil. Erwin Plachy

Redaktionelle Bearbeitung: Dipl.-Landw. Renate Stubbe

Das Albrecht-Thaer-Archiv erscheint in Heften mit einem Umfang von je 6 Druckbogen (96 Seiten). Die innerhalb eines Jahres herausgegebenen 12 Hefte bilden einen Band. Das letzte Heft eines Bandes enthält Autoren- und Sachverzeichnis.

Der Bezugspreis je Heft beträgt 5,— MDN.

Die Schriftleitung nimmt nur Manuskripte an, deren Gesamtumfang 20 Schreibmaschinenseiten nicht überschreitet und die bisher noch nicht, auch nicht in anderer Form, im In- oder Ausland veröffentlicht wurden. Jeder Arbeit ist ein Autorreferat zur Vorankündigung (nicht länger als 1½ Schreibmaschinenseiten) sowie eine Zusammenfassung mit den wichtigsten Ergebnissen (nicht länger als 20 Zeilen), wenn möglich auch in russischer und englischer bzw. französischer Sprache, beizufügen. Gegebenenfalls erfolgt die Übersetzung in der Akademie.

Manuskripte sind zu senden an die Schriftleitung, Deutsche Akademie der Landwirtschaftswissenschaften zu Berlin, 108 Berlin, Krausenstraße 38—39.

Die Autoren erhalten Umbruchabzüge zur Korrektur mit befristeter Terminstellung. Bei Nichteinhaltung der Termine erteilt die Redaktion Imprimatur.

Für jede Arbeit werden unentgeltlich 100 Sonderdrucke geliefert. Das Honorar beträgt 40,— MDN je Druckbogen und schließt auch die Urheberrechte für das Bildmaterial ein. Dissertationen, auch gekürzte bzw. geänderte, werden nicht honoriert.

Verlag: Akademie-Verlag GmbH, 108 Berlin, Leipziger Straße 3—4, Fernruf: 220441. Telex-Nr. 011773. Postscheckkonto: Berlin 35021. Bestellnummer dieses Heftes: 1051/10/1.

Veröffentlicht unter der Lizenznummer 1285 des Presseamtes beim Vorsitzenden des Ministerrates der Deutschen Demokratischen Republik.

Gesamtherstellung: VEB Druckhaus Maxim Gorki, 74 Altenburg.

DEUTSCHE DEMOKRATISCHE REPUBLIK
DEUTSCHE AKADEMIE
DER LANDWIRTSCHAFTSWISSENSCHAFTEN ZU BERLIN

ALBRECHT-THAER-ARCHIV

ARBEITEN AUS DEN GEBIETEN BODENKUNDE, PFLANZENERNÄHRUNG, ACKER- UND PFLANZENBAU

AKADEMIE-VERLAG · BERLIN

1966 · 10. BAND · HEFT 1

Thaer-Arch. Bd. 10 (1966) H. 1, S. 1—73, Berlin

INHALT

Aus dem Institut für Acker- und Pflanzenbau
der Karl-Marx-Universität Leipzig

KURT RAUHE und INGEBURG LEHNE

Betrachtungen zu den Ergebnissen des Dauerdüngungsversuches „Ewiger Roggenbau" in Halle im Hinblick auf die Erhaltung der Bodenfruchtbarkeit

1. Mitteilung: Die Ertragsentwicklung

Eingegangen: 15. 5. 1965

Nach wie vor bestehen geteilte Ansichten über den Einfluß der mineralischen und organischen Düngung auf den Humushaushalt der Böden. In dieser Hinsicht gehen auch die Meinungen bei der Auslegung der Ergebnisse des „Ewigen Roggenbaues" in Halle weit auseinander (ROEMER und IHLE, 1925; SCHMALFUSS, 1950; SCHMALFUSS und KOLBE, 1961, 1963; MERKER, 1956; RAUHE, 1964; RAUHE und KOEPKE, 1962).

Es ist das besondere Anliegen dieser Arbeit, die bisher aus dem „Ewigen Roggenbau" gezogenen Schlußfolgerungen kritisch auf ihre Gültigkeit zu untersuchen und aus dem vorliegenden Versuchsmaterial in dynamischer Betrachtungsweise ein Fazit zu ziehen.

Schon früher war der „Ewige Roggenbau" in Halle Gegenstand eines lebhaften Meinungsstreites, als KÜHN im Jahre 1901 den ersten Bericht über diesen Versuch veröffentlichte. KÜHN hatte in diesem Beitrag den N-Vorrat des Bodens unzureichend beachtet und war auf der Suche nach anderen Stickstoffquellen zu anfechtbaren Schlußfolgerungen gekommen. ROEMER und IHLE nahmen 1925 in einem zweiten umfassenden Versuchsbericht zu den Auslegungen KÜHNS kritisch Stellung und stellten auf S. 50 fest:

„Im besonderen lernen wir den Stallmist erneut als ein wichtiges Mittel schätzen, unsere Ernten auf gleicher Höhe zu halten. Die künstlichen N-Salze haben sich — wie wir gesehen haben — hierzu wenig tauglich gezeigt. Sie wirken zwar erntesteigernd, äußern jedoch keine Nachwirkung, so daß der nicht in der Ernte aufgespeicherte Dünger-N im allgemeinen verlorengeht. Dank seiner intensiven Nachwirkung ist der Stallmist-N, welcher zudem in geringerem Umfange der Versickerung unterliegt, befähigt, für den Schwund an Boden-N vollen Ersatz zu bieten und gleichbleibende Ernten zu sichern".

25 Jahre nach ROEMER und IHLE nahm SCHMALFUSS (1950) die Frage des „Ewigen Roggenbaues" in Halle wieder auf und kam dabei zu folgender Auswertung:

„Überblickt man das gesamte hier wiedergegebene Zahlenmaterial, so ist vielleicht die wichtigste Erkenntnis daraus die, daß eine ausschließliche, fortgesetzte Stallmistdüngung im Laufe von 70 Versuchsjahren zwar eine einwandfrei festzustellende Vermehrung der Bodenfruchtbarkeit, gemessen am Humusgehalt, bewirkte, daß aber die ausschließliche, 70 Jahre lang fortgeführte mineralische Volldüngung den Fruchtbarkeitszustand des Bodens nicht minderte . . ."

Wenn MERKER (1956) 5 Jahre später in den einleitenden Worten seiner Dissertation über die Ergebnisse des „Ewigen Roggenbaues“ in Halle feststellt, daß Dauerdüngungsversuche wesentlich zur Klärung einiger Fragen auf dem Gebiet der Pflanzenernährung und Düngung beitragen und nur sie allein geeignet sind, „einen näheren Einblick in die Dauer der Ertragsfähigkeit des Bodens, was allgemein als ‚Bodenfruchtbarkeit‘ bezeichnet wird, zu gewinnen“, so ist dem durchaus zuzustimmen. Es darf aber dabei nicht übersehen werden, daß es außerdem darauf ankommt, die in solchen Dauerversuchen gefundenen Ergebnisse auch sinnvoll zu deuten. Ob MERKER das gelungen ist, erscheint zweifelhaft. Er hat z. B. in seinen Untersuchungen über den Kohlenstoffhaushalt des Bodens festgestellt, daß in 75 Jahren von der durch Stallmist insgesamt zugeführten Kohlenstoffmenge nur 11,7% und in den letzten 25 Jahren sogar nur 3,2%zur Mehrung der organischen Substanz im Boden beitrugen, der Stallmist also fast restlos mineralisiert wurde. Andererseits fand er auf Grund seiner Berechnung, daß der Kohlenstoffgehalt auf der NPK-Parzelle während der gesamten Versuchsdauer konstant geblieben ist, und meint dazu auf S. 208 folgendes:

„Auf Grund dieser Erkenntnis liegt die Frage nahe, ob unter diesen Bedingungen eine Mineraldüngung nicht denselben Pflanzenertrag hervorbringt wie eine Stallmistdüngung, zumal die Erzeugung, Aufbereitung und Ausbringung des Stallmistes einschließlich des Strohtransportes bei der Ernte, dem Drusch und dem Einstreuen zum wichtigsten arbeitswirtschaftichen Problem der landwirtschaftlichen Betriebsführung gerechnet werden muß.
Die Auswertung des vorliegenden Versuches hat gezeigt, daß die Ertragsfähigkeit des Bodens durch NPK-Düngung während des gesamten Versuches auf gleicher Höhe lag wie die durch Stallmistdüngung.“

Auch bei der jüngsten Auswertung 80jähriger Versuchsergebnisse des „Ewigen Roggenbaues“ äußern SCHMALFUSS und KOLBE (1961, S. 429) eine ähnliche Meinung und folgern,

„daß das Problem der organischen Bodensubstanz und damit auch der organischen Düngung mehr ein Nährstoffproblem darstellt und weniger im Auftreten stabiler Humusformen besteht; das heißt, daß die Bedeutung des Humus im Boden mehr in der Dynamik seiner Umsetzungen als in seiner Stabilität zu suchen ist.“

Bei kritischer Betrachtung der bisher über den „Ewigen Roggenbau“ veröffentlichten Ergebnisse kann man unter Berücksichtigung weiterer Dauerversuche aber zu einer wesentlich anderen Einschätzung des Wertes von Mineraldünger und Stalldung für Boden und Pflanze kommen, als sie von SCHMALFUSS und seinen Mitarbeitern (SCHMALFUSS, 1950; SCHMALFUSS u. KOLBE, 1961, 1963) bekannt geworden ist.
Für das bessere Verständnis der späteren Auslegung erscheint es zweckmäßig, zunächst eine kurzgefaßte Legende des weitbekannten Versuches vorausgehen zu lassen.

Der Dauerdüngungsversuch wurde 1878 von Julius KÜHN auf dem Versuchsfeld der Universität in Halle mit Roggen als Monokultur angelegt. Der Boden des Versuchsfeldes ist ein diluvialer, schwach humoser, lehmiger Sand, der zu den schwarzerdeähnlichen Böden gerechnet wird. Das Grundwasser steht nach MERKER (1956) mit 110 cm hoch an. Im weiten C:N-Verhältnis des Bodens von 13:1 spiegelt sich die Grundwasserbeeinflussung des Standortes deutlich wider. Der Versuch umfaßt 5 Parzellen von je 1000 m², die nach folgendem Schema gedüngt werden:

Parzelle I (Stalldung) erhält pro Jahr und Hektar ausschließlich 120 dt/ha Stalldung. Diese Menge entspricht nach KÜHN einer auf 1 ha Ackerfläche gehaltenen Großvieheinheit von 500 kg Lebendgewicht. Nach Analysen der letzten Versuchsjahre wurden dem Boden mit dieser Stallmistmenge durchschnittlich je Hektar 65 kg N, 45 kg P_2O_5 und 75 kg K_2O zugeführt.

Parzelle II (PK-Düngung) erhält in jedem Jahr nur eine PK-Mineraldüngung von 56 kg/ha P_2O_5 und 90 kg/ha K_2O.

Parzelle III (NPK-Düngung) erhält die gleiche Grunddüngung wie Parzelle II und dazu 40 kg/ha N. Davon wurden früher 20 kg N als schwefelsaures Ammoniak im Herbst und 20 kg N in Form von Chilesalpeter im Frühjahr als Kopfdünger gegeben. Seit 1948 werden 10 kg N als Ammonsulfat im Herbst und 30 kg N als Kalkammonsalpeter im Frühjahr verabreicht.

Parzelle IV (N-Düngung) erhält nur eine Stickstoffdüngung von 40 kg/ha.

Parzelle V (ungedüngt) bleibt dauernd ohne jede Düngung.

1. Auswertung der Erträge

Bei der Auswertung der Erträge des „Ewigen Roggenbaues" wurden bisher vorwiegend langjährige Erntesummen bzw. Mittelwerte verglichen.

Tabelle 1

„Ewiger Roggenbau", Erntesummen (wasserfrei) in dt/ha der 75 Jahre 1879—1953 (berechnet nach MERKER, 1956, S. 204)

	ungedüngt	NPK	Stallmist
Korn	944	1637	1660
Stroh + Spreu	1787	3277	3199
insgesamt	2731	4914	4859

Tabelle 1 beweist aus statischer Sicht gleiches Leistungsniveau für die NPK- und für die Stallmistdüngung. Obwohl an diesem Befund nicht zu zweifeln ist, wäre es doch aus der Kenntnis der Ertragsentwicklung nicht richtig, wenn man die NPK- und die Stallmistdüngung auch in ihrem Leistungsvermögen gleichsetzen wollte. Langjährige Düngungsmaßnahmen wirken dynamisch und im Falle der mineralischen und organischen Düngung unterschiedlich auf die Entwicklung der Erträge und auf die beeinflußbaren Bodenkomponenten ein. Infolgedessen muß sich auch die Interpretation solcher Versuche den dynamischen Gegebenheiten unterordnen. Da diese Grundvoraussetzung in den bisherigen Publikationen nur unzureichend beachtet wurde, halten wir es für erforderlich, solche nur aus statischen Betrachtungen abgeleiteten Auffassungen durch dynamische Betrachtungen zu ergänzen. In dieser Absicht sollen aus den Ergebnissen des „Ewigen Roggenbaues" zunächst der Ertragsverlauf und die Ertragssicherheit eingehender erörtert werden. Im folgenden wird sich die Auswertung auf die drei aussagekräftigsten Düngungsvarianten „ungedüngt", „NPK" und „Stallmist" beschränken. Um einen groben Überblick zu vermitteln, sollen zunächst die Erträge der ersten 15 Versuchsjahre von 1879 — 1893 mit denen von 1939 — 1953 verglichen werden.

1.1. Auswertung mit 15jährigen Mittelwerten

Im Durchschnitt der ersten 15 Versuchsjahre von 1879 – 1893 wurden die in Tabelle 2 angegebenen absoluten Erträge erzielt.

Tabelle 2

„Ewiger Roggenbau“, Korn- und Stroherträge (wasserfrei) im Mittel der Jahre 1879–1893

(nach Merker, 1956, S. 164)

Parzellen	Erträge dt/ha		Mehrerträge gegenüber „ungedüngt“	
	Korn	Stroh + Spreu	Korn	Stroh + Spreu
ungedüngt	18,1	32,4	–	–
NPK	26,0	46,8	7,9	14,4
Stallmist	23,0	41,6	4,9	9,2

Auf der ungedüngten Parzelle betrug im Durchschnitt der ersten 15 Jahre die Ernte 18,1 dt/ha Korn und 32,4 dt/ha Stroh + Spreu. Daraus läßt sich ein hoher Fruchtbarkeitszustand des Bodens zu Versuchsbeginn erkennen, der eine gewisse Zeit verhältnismäßig hohe Erträge ermöglicht.

Auf der NPK-Parzelle wurden 26,0 dt/ha Korn und 46,8 dt/ha Stroh + Spreu geerntet. Subtrahiert man davon den Ertrag der ungedüngten Parzelle, so ergibt sich durch die NPK-Düngung ein Mehrertrag von 7,9 dt/ha Korn und 14,4 dt/ha Stroh + Spreu. Diese relativ geringe Leistung der Mineraldüngung dürfte darauf zurückzuführen sein, daß in den Anfangsjahren 20 kg N bereits im Herbst verabreicht wurden.

Bei Betrachtung des Anteils der NPK-Düngung am Gesamtertrag (7,9 dt von 26,0 dt Korn) wird ersichtlich, daß durch die Düngung nicht einmal 1/3 des Ertrages direkt erzeugt werden konnte; für mehr als 2/3 müssen also andere Nährstoffquellen vorhanden gewesen sein.

Der gegenüber der NPK-Parzelle noch kleinere Mehrertrag der Stallmistparzelle (+ 4,9 dt/ha) ist damit zu begründen, daß der Stallmiststickstoff zu einem wesentlich geringeren Prozentsatz direkt für die Pflanzenproduktion zur Verfügung steht als der mineralische Stickstoff.

Stellt man die mit der Düngung jährlich zugeführte Stickstoffmenge den im Durchschnitt der ersten 15 Versuchsjahre erzielten Mehrerträgen gegenüber, so zeigt sich, daß auf diesem Standort mit 40 kg Mineraldünger-N (+ PK) etwa 8 dt Korn und 14 dt Stroh, mit 65 kg Stallmist-N aber nur 5 dt Korn und 9 dt Stroh produziert wurden. Allein daraus ist zu erkennen, daß beide Düngungsformen einen unterschiedlichen Einfluß auf die Ertragsbildung ausüben.

Mit dieser einseitigen Betrachtung der Ertragsleistung läßt sich jedoch kein Gesamturteil über eine Düngungsmaßnahme abgeben, da eine recht unterschiedliche Wirkung auf die Humusdynamik vorliegt, wie später noch gezeigt wird.

Nach 75jähriger Versuchsdauer findet man auf den drei wichtigsten Düngungsvarianten beim Vergleich der ersten und letzten 15 Ernten die in Tabelle 3 enthaltenen Ertragsverhältnisse vor:

Tabelle 3
Vergleich der Korn- und Stroherträge (wasserfrei) „Ewiger Roggenbau" in dt/ha bei Versuchsbeginn und nach 75 Jahren (15jährige Mittelwerte)
(nach MERKER, 1956, S. 164)

Parzellen	Korn			Stroh + Spreu		
	1879/93	1939/53	Differenz	1879/93	1939/53	Differenz
ungedüngt	18,1	9,5	**−8,6**	32,4	16,6	**−15,8**
NPK	26,0	19,6	**−6,4**	46,8	36,7	**−10,1**
Stallmist	23,0	22,8	−0,2	41,6	37,4	− 4,2

Mit 8,6 dt/ha Ertragsabfall beim Korn schneidet die ungedüngte Parzelle erwartungsgemäß am schlechtesten ab. Aber die NPK-Parzelle steht mit −6,4 dt/ha der ungedüngten Parzelle nur wenig nach. Hier zeigt sich bereits, daß bei ausschließlicher Mineraldüngung der Ertrag nicht auf gleicher Höhe gehalten werden kann. Dagegen war die Stallmistdüngung in der Lage, die Kornerträge über den Zeitraum von 75 Jahren aufrechtzuerhalten und dadurch ein gleichbleibendes Leistungspotential des Bodens zu gewährleisten.
Die Stroherträge reagierten in der Tendenz in gleicher Weise auf die unterschiedlichen Düngungsmaßnahmen wie die Kornerträge.

1.2. Auswertung mit Hilfe einer Regressionsanalyse

Im Vorhergehenden wurde die Entwicklung der Erträge nur an zwei Ernteperioden mit 60jährigem Abstand besprochen. Anschaulicher und exakter läßt sich der Ertragsverlauf unter Zuhilfenahme der Regressionsanalyse darstellen und deuten[1]. In der varianzanalytischen Auswertung ergab eine den Meßpunkten angenäherte Kurve 3. Grades, daß der Koeffizient des Gliedes 3. Grades nicht mehr signifikant gegenüber den übrigen Koeffizienten der Gleichung war, so daß Kurven 2. Grades für die Darstellung ausreichend waren. Um eine übersichtliche und einfache Vergleichbarkeit der Versuchsvarianten zu gewährleisten, entschlossen wir uns, auf das quadratische Glied zu verzichten.
Die im folgenden vorgenommene lineare Regressionsrechnung an den 3 wichtigsten Düngungsvarianten wurde nach der Formel $y = a + bx$ durchgeführt (WEBER, 1957; TRENDELBURG, 1963).
Hierbei bedeuten:

y = Erträge der einzelnen Jahre
a = Anfangswert der Regressionsgeraden
b = Neigung der Regressionsgeraden
x = die einzelnen Jahre

Den Berechnungen liegen die Kornerträge der Jahre 1879 bis 1953 zugrunde. Betrachtet man die Ergebnisse, so ergibt sich das in Tabelle 4 dargestellte Bild.

[1] Den Diplomlandwirten G. DURAK und H. ALTER, Berlin, sind wir für diese Anregung zu Dank verpflichtet

Tabelle 4

Koeffizienten und Gleichungen der Regressionsgeraden aller Kornerträge (Gesamttrend) in Abhängigkeit von der Zeit (1879—1953) im „Ewigen Roggenbau"*

Parzellen	$a \equiv y_0 \left[\frac{dt}{ha}\right]$	$b \left[\frac{dt}{ha\ Jahr}\right]$	$y = a + bx \left[\frac{dt}{ha}\right]$	$y_n \left[\frac{dt}{ha}\right]$**	B***
ungedüngt	20,6	−0,17	y = 20,6 − 0,17x	8,1	0,456
NPK	29,3	−0,11	y = 29,3 − 0,11x	21,1	0,164
Stallmist	25,9	−0,01	y = 25,9 − 0,01x	25,2	0,00231

* Es wurden für die Regressionsanalyse die Erträge von ROEMER und IHLE (1879—1922), SCHMALFUSS (1923—1948) und MERKER (1949—1953) benutzt.

** Nach 75 Jahren errechnen sich die mit y_n bezeichneten Erträge.

*** B = Bestimmtheitsmaß

In den 75 Versuchsjahren fiel der Kornertrag auf der ungedüngten Parzelle von 20,6 auf 8,1 dt, das sind 0,17 dt/ha und Jahr, auf der NPK-Parzelle von 29,3 auf 21,1, das sind pro Jahr 0,11 dt/ha.

Auf der Stallmistparzelle blieb der Ertrag jedoch praktisch konstant, da die jährliche Abnahme mit 0,01 dt/ha nur unbedeutend ist. Veranschaulicht sind diese Ertragsveränderungen in den Abbildungen 1—3, die außerdem mit den rechnerisch ermittelten Ertragsschwankungen auch den Einfluß der Düngungsmaßnahmen auf die Ertragsbeständigkeit erkennen lassen.

Zur Kennzeichnung der Ertragsschwankungen sollen die Regressionsgeraden der bedingt hohen und der bedingt niedrigen Erträge herangezogen werden. Neben den Abbildungen 1—3 mit getrennter Aufzeichnung enthält Tabelle 5 die bedingt hohen Erträge für die drei Düngungsvarianten gemeinsam.

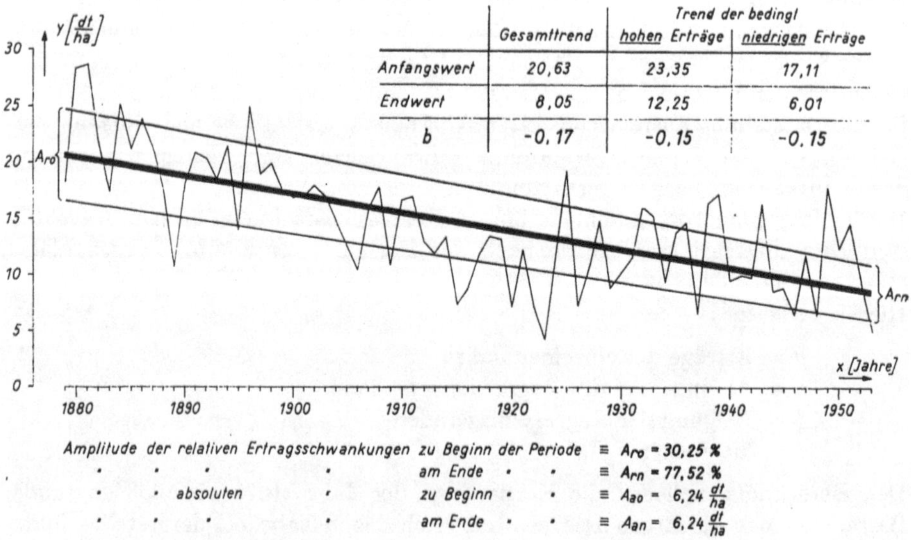

Abb. 1: Lineare Regression der Ertragsentwicklung im Versuch „Ewiger Roggenbau" ungedüngte Parzelle

Es ist sehr bemerkenswert, daß die Werte b′ der bedingt hohen Erträge nach 75jähriger Versuchsdauer auf der ungedüngten Variante mit b′ = −0,15 dt/ha pro Jahr, auf der NPK-Parzelle mit b′ = −0,07 dt/ha pro Jahr abnehmen, auf

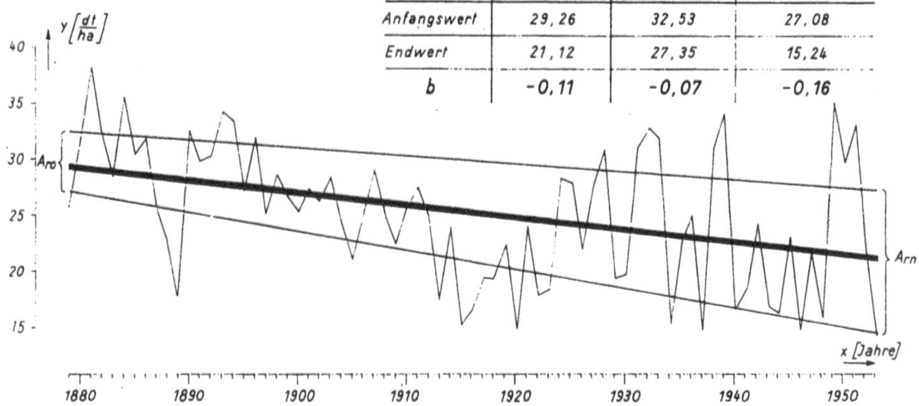

	Gesamttrend	Trend der bedingt hohen Erträge	Trend der bedingt niedrigen Erträge
Anfangswert	29,26	32,53	27,08
Endwert	21,12	27,35	15,24
b	−0,11	−0,07	−0,16

Amplitude der relativen Ertragsschwankungen zu Beginn der Periode ≡ A_{ro} = 18,63 %
" " " " am Ende " " ≡ A_{rn} = 57,34 %
" " absoluten " zu Beginn " " ≡ A_{ao} = 5,45 $\frac{dt}{ha}$
" " " " am Ende " " ≡ A_{an} = 12,11 $\frac{dt}{ha}$

Abb. 2: Lineare Regression der Ertragsentwicklung im Versuch „Ewiger Roggenbau" NPK-Parzelle

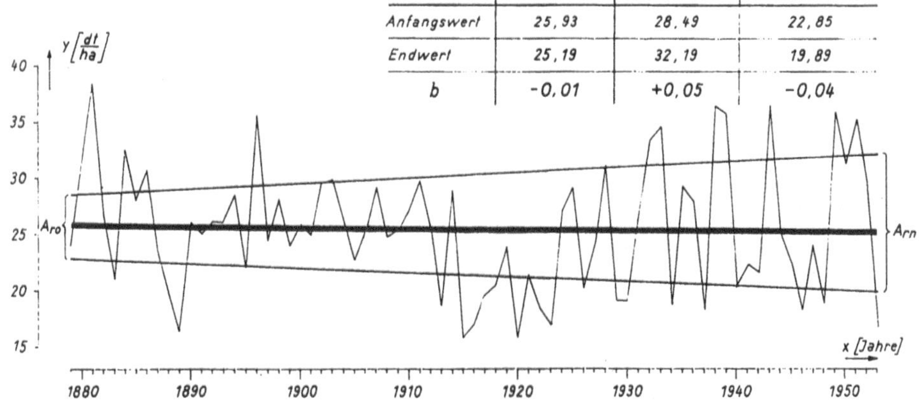

	Gesamttrend	Trend der bedingt hohen Erträge	Trend der bedingt niedrigen Erträge
Anfangswert	25,93	28,49	22,85
Endwert	25,19	32,19	19,89
b	−0,01	+0,05	−0,04

Amplitude der relativen Ertragsschwankungen zu Beginn der Periode ≡ A_{ro} = 21,75 %
" " " " am Ende " " ≡ A_{rn} = 48,83 %
" absoluten " zu Beginn " " ≡ A_{ao} = 5,64 $\frac{dt}{ha}$
" " " am Ende " " ≡ A_{an} = 12 30 $\frac{dt}{ha}$

Abb. 3: Lineare Regression der Ertragsentwicklung im Versuch „Ewiger Roggenbau" Stallmist-Parzelle

Tabelle 5

Koeffizienten und Gleichungen der Regressionsgeraden der bedingt hohen Erträge in Abhängigkeit von der Zeit im „Ewigen Roggebnau“, 1879–1953

Parzellen	$a' = y'_0 \left[\frac{dt}{ha}\right]$	$b' \left[\frac{dt}{ha\ Jahr}\right]$	$y' = a' + b'x \left[\frac{dt}{ha}\right]$	$y'_n \left[\frac{dt}{ha}\right]$	B
ungedüngt	23,4	**−0,15**	23,4 − 0,15x	12,3	0,685
NPK	32,5	**−0,07**	32,5 − 0,07x	27,4	0,196
Stallmist	28,5	**+0,05**	28,5 + 0,05x	32,2	0,122

der Stallmistparzelle aber mit b' = + 0,05 dt/ha ansteigen. Während also auf der NPK-Parzelle der Trend der bedingt hohen Erträge von 32,5 dt/ha auf 27,4 dt/ha zurückgeht, steigt er auf der Stallmistparzelle in umgekehrter Veränderung von 28,5 auf 32,2 dt/ha an.

Noch ungünstiger schneidet die NPK-Variante ab, wenn man den Trend der bedingt niedrigen Erträge betrachtet (Tab. 6, Abb. 1–3).

Tabelle 6

Koeffizienten und Gleichungen der Regressionsgeraden der bedingt niedrigen Erträge in Abhängigkeit von der Zeit im „Ewigen Roggenbau“, 1879–1953

Parzellen	$a'' = y''_0 \left[\frac{dt}{ha}\right]$	$b'' \left[\frac{dt}{ha\ Jahr}\right]$	$y'' = a'' + b''x \left[\frac{dt}{ha}\right]$	$y''_n \left[\frac{dt}{ha}\right]$	B
ungedüngt	17,1	**−0,15**	17,1 − 0,15x	6,0	0,595
NPK	27,1	**−0,16**	27,1 − 0,16x	15,2	0,546
Stallmist	22,9	**−0,04**	22,9 − 0,04x	19,9	0,0823

Er drückt aus, daß durch ausschließliche NPK-Düngung die bedingt niedrigen Erträge von 27,1 dt auf 15,2 dt/ha weit stärker (um etwa 50%) zurückgehen als die des Gesamttrends (s. Tab. 4). In diesem Zusammenhang ist der Wert b'' mit −0,16 beachtenswert höher als der der bedingt hohen Erträge mit −0,07. Das besagt, daß besonders starke Ausschläge zu Mindererträgen vorkommen, die vor allem in witterungsmäßig ungünstigen Jahren auftreten dürften. Auf der Stallmistparzelle dagegen ist der Wert b'' mit nur 0,04 wesentlich geringer.

Hinweise auf die Sicherheit bzw. die Schwankungen der Erträge gibt die Differenz zwischen den Regressionsgeraden der positiven und negativen Abweichungen, die man auch als „doppelte Amplitude der absoluten Ertragsabweichungen“ (Aa) bezeichnet. Die relativen Werte erhält man von den absoluten, indem sie auf den mittleren Ertrag bezogen werden, der sich aus den mittleren Regressionsgeraden der graphischen Darstellung ergibt. Diese relativen Abweichungen werden als „doppelte Amplitude der relativen Ertragsschwankungen“ (Ar) bezeichnet (siehe auch Abb. 1–3).

In Tabelle 7 sind die doppelten Amplituden der absoluten und relativen Ertragsschwankungen aller drei Düngungsvarianten bei Versuchsbeginn und nach 75 Jahren enthalten.

Tabelle 7

Doppelte Amplituden der absoluten und relativen Ertragsschwankungen bei Versuchsbeginn (A_{ao}, A_{ro}) und nach 75 Jahren (A_{an}, A_{rn}), „Ewiger Roggenbau"

Parzellen	$A_{ao} \left[\frac{dt}{ha}\right]$	A_{ro} [%]	$A_{an} \left[\frac{dt}{ha}\right]$	A_{rn} [%]
ungedüngt	6,2	30,3	6,2	77,5
NPK	5,4	18,6	12,1	57,3
Stallmist	5,6	21,8	12,3	48,8

Wir finden bei Versuchsanfang auf der ungedüngten Parzelle die größte relative Ertragsschwankung von 30,3%, die sich nach 75 Jahren noch auf 77,5% erhöht. Die NPK-Parzelle weist zwar bei Versuchsbeginn mit nur 18,6% eine geringere Schwankungsbreite auf als die Stallmistparzelle; am Ende liegt sie jedoch mit 57,3% über der Stallmistparzelle. Auch diese zeigt in den letzten Versuchsjahren eine größere Schwankungsbreite als zu Versuchsbeginn, die aber, wie aus Tabelle 5 ersichtlich ist, im Gegensatz zur NPK-Parzelle einen größeren Ausschlag nach oben ($b' = +0{,}05$) hat.

Der Vollständigkeit halber soll noch kurz auf den Verlauf der Stroherträge eingegangen werden, wobei wegen der weitaus geringeren N-Aufnahme dieses Teiles der Pflanze nur die wichtigsten Zahlen wiedergegeben werden.

Tabelle 8

Koeffizienten und Gleichungen der Regressionsgeraden aller Stroherträge (Gesamttrend) in Abhängigkeit von der Zeit (1879—1953), „Ewiger Roggenbau"

Parzellen	$a = y_0 \left[\frac{dt}{ha}\right]$	$b \left[\frac{dt}{ha\ Jahr}\right]$	$y = a + bx \left[\frac{dt}{ha}\right]$	$y_n \left[\frac{dt}{ha}\right]$*
ungedüngt	38,0	−0,32	$y = 38{,}0 - 0{,}32x$	14,3
NPK	55,9	−0,22	$y = 55{,}9 - 0{,}22x$	39,4
Stallmist	51,7	−0,14	$y = 51{,}7 - 0{,}14x$	41,2

* Nach 75 Jahren werden die mit y_n bezeichneten Erträge erzielt.

Ähnlich wie bei den Kornerträgen liegt erwartungsgemäß der Ertragsabfall auf der ungedüngten Parzelle mit 0,32 dt/ha pro Jahr am höchsten. Um 0,22 dt/ha sank der Strohertrag auf der NPK-Parzelle und um 0,14 dt/ha auf der Stallmistparzelle. Dieses relativ starke Absinken der Stroherträge auch auf der Stallmistparzelle ist nicht zuletzt auf den 1921 vorgenommenen Sortenwechsel vom „Saaleroggen" mit weiterem Korn:Stroh-Verhältnis zum „Petkuser" mit engerem Verhältnis zurückzuführen. Die Ergebnisse der letzten 35 Jahre (1924—1958) zeigen bei gleicher Roggensorte einen konstanten Strohertrag auf der Stallmistparzelle, der etwa bei 42,0 dt/ha lag (im Gegensatz zum Anfangswert von 51,7 dt/ha beim Saaleroggen).

In Abbildung 4 werden die mit Hilfe der Regressionsrechnung ermittelten Ertragsabnahmen pro Jahr (b-Werte) von Korn und Stroh gegenübergestellt.

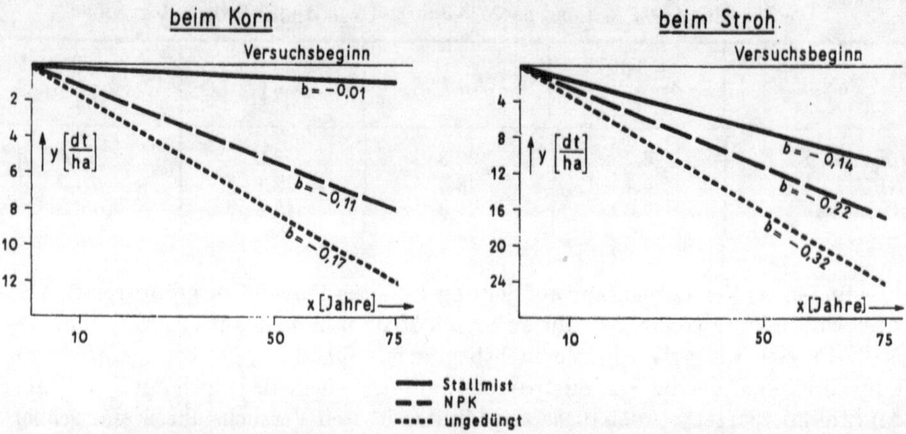

Abb. 4: Absolute Ertragsabnahme (y) in Abhängigkeit von der Zeit (x)
„Ewiger Roggenbau“, Halle, 1879–1953

Wenn auch die Relationen zwischen den Düngungsvarianten bei Stroh etwas anders sind als bei Korn, so zeigt sich doch, daß die gleiche Reihenfolge zu verzeichnen ist. Auf der ungedüngten Parzelle nehmen die Werte am stärksten ab, es folgt dann die NPK-Parzelle, während die Stallmistvariante die größte Ertragsstabilität aufweist. Da aber die Kornerträge eine wichtigere Rolle spielen, muß man ihrer Entwicklung eine größere Bedeutung beimessen als der der Stroherträge. Aus ihrem Ertragsverlauf ist eindeutig zu erkennen, daß bei ausschließlicher NPK-Düngung ein sukzessiver Ertragsabfall vorhanden ist, der sich nur wenig von dem der ungedüngten Parzelle unterscheidet. Daraus ist wiederum zu schließen, daß sich auf diesen beiden Varianten ein wesentlicher ertragbestimmender Faktor verändert hat.

1.3. Die Erträge im Versuchszeitraum 1924–1958

Das Sinken der Erträge in den ersten Jahrzehnten, vor allem aber in den Jahren 1913–1921, wird zum Teil mit der Sortenfrage in Zusammenhang gebracht. KÜHN (1901, S. 179) berichtet:

„Es wurde von vornherein auf allen Parzellen Landroggen des Saalkreises verwendet und dann in jedem Jahr das Saatgut von je derselben Parzelle entnommen, auf der es gewachsen war.“

Demzufolge wurde der Roggenbau in den ersten Jahren ohne Saatgutwechsel betrieben. Es ist somit verständlich, daß unter diesen Bedingungen die Erträge auch auf der Stallmistparzelle nicht auf gleicher Höhe gehalten werden konnten. „Saale-

roggen“ kam bis zum Jahre 1921 zum Anbau. Der Saatgut- und Sortenwechsel erfolgte erst, als die Ähre dieses Landroggens durch ihre große Schartigkeit auffiel.
An seiner Stelle wurde im Herbst 1921 die Sorte „Petkuser“ mit nachfolgend jährlichem Saatgutwechsel eingeführt. Da mit Beginn des Jahres 1921 keine ertragbeeinflussenden Mängel durch das Saatgut mehr anzunehmen sind, haben wir die folgenden Versuchsjahre von 1924—1953 nach Ertragsangaben von Merker und die Jahre 1954—1958 nach Schmalfuss und Kolbe (1961) über einen Zeitraum von 35 Jahren gesondert verrechnet.
Wie aus Abbildung 5 hervorgeht, sanken die Erträge auf der ungedüngten Parzelle ab 1924 bei einem schon sehr niedrigen Ertragsniveau ($y_0 = 13{,}0$) in den weiteren 35 Jahren nur noch um 3,1 dt/ha ($b = -0{,}09$).

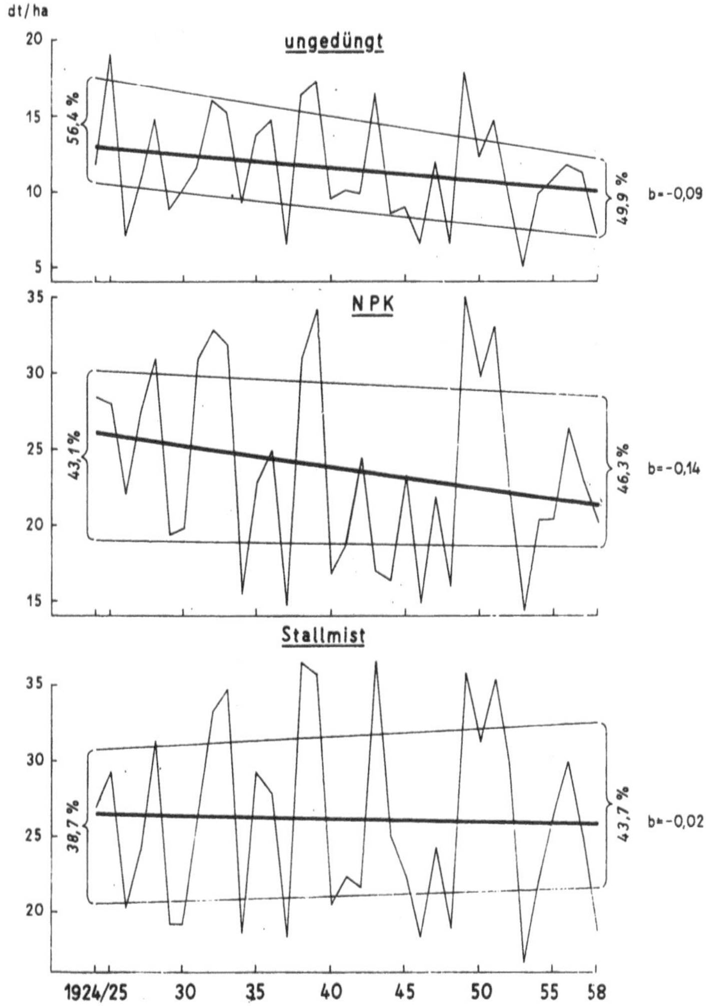

Abb. 5: Lineare Regression der Kornerträge
„Ewiger Roggenbau“, Halle, 1924—1958

Besonders bemerkenswert ist in diesem Zeitraum der weit stärkere Ertragsabfall auf der NPK-Parzelle von 4,8 dt/ha (b = −0,14).
Demgegenüber bleibt der Ertrag auf der Stallmistparzelle mit Werten von 26,4 bzw. 25,7 dt/ha (b = −0,02) praktisch unverändert, wobei der Trend der bedingt hohen Erträge auch bei dieser Auswertung wiederum einen größeren Ausschlag aufweist als der Trend der bedingt niedrigen Erträge.
Zur besseren Übersicht sind in Abbildung 6 Ertragsniveau und Ertragsverlauf der Jahre 1924—1958 auf den einzelnen Parzellen noch einmal zusammen aufgetragen.

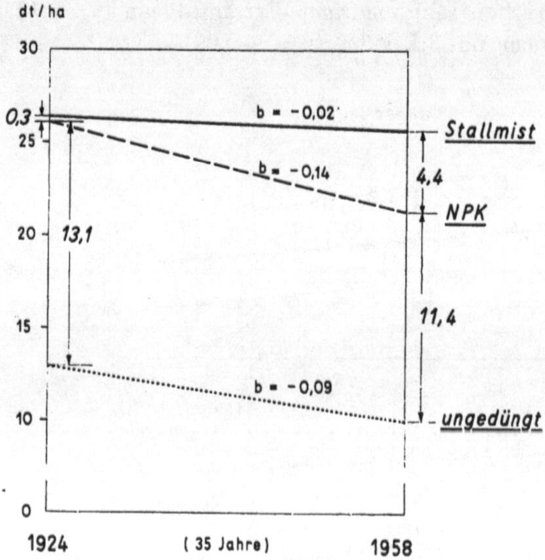

Abb. 6: Ertragsniveau und Ertragsverlauf im „Ewigen Roggenbau“, Halle, 1924 bis 1958 (Gesamttrends der Kornerträge in dt/ha)

Aus dieser Abbildung geht sehr bezeichnend hervor, daß die NPK-Parzelle durch ihren starken Ertragsabfall in der Zeit von 1924—1958 nicht an die Stalldungparzelle mit ihrem gleichbleibenden Ertragsverlauf und ihrem höheren Ertragsniveau heranreicht.

Tabelle 9

Entwicklung der Korn:Stroh-Verhältnisse im „Ewigen Roggenbau“ von 1924—1958 nach Einführung der Sorte „Petkuser“

Varianten	Erträge 1924*			Erträge 1958*		
	Korn dt/ha	Stroh dt/ha	Verhältnis Korn:Stroh	Korn dt/ha	Stroh dt/ha	Verhältnis Korn:Stroh
ungedüngt	13,0	18,5	1:1,42	9,9	19,9	1:2,00
NPK	27,1	43,7	1:1,61	20,0	42,0	1:2,10
Stallmist	26,4	42,0	1:1,59	25,7	42,7	1:1,66

* berechnet nach der Regressionsanalyse

Erwähnenswert ist, daß in diesem Zeitraum die Stroherträge nicht den gleichen Trend zeigen. Sie bleiben mit unbedeutenden Abweichungen (0,7—1,7 dt/ha) vermutlich innerhalb der Fehlergrenzen bei allen 3 Varianten etwa gleich.
Aufschlußreich ist weiterhin die Entwicklung des Verhältnisses von Korn zu Stroh. Diese Werte vom Hallenser Versuchsstandort deuten an, daß auch bei Abnahme der Bodenfruchtbarkeit zur Erzeugung von Stroh immer noch ausreichende Mengen an Nährstoffen zur Verfügung gestellt werden können. Da der vom Stroh aufgenommene Nährstoffanteil an der Gesamternte jedoch gering ist (auf der ungedüngten Parzelle z. B. beim Stickstoff nur 7,6 kg), ist der Trend der Stroherträge von nicht so ausschlaggebender Bedeutung wie der der Kornerträge, bei denen eine deutliche Differenzierung auftrat. Danach reichten für hohe Kornerträge die verfügbaren Nährstoffmengen offenbar nicht mehr aus. Aus diesem Grunde wurde das Verhältnis Korn:Stroh auf der ungedüngten und auf der NPK-Parzelle immer weiter, während es auf der Stallmistparzelle annähernd konstant geblieben ist.
Häufig wird als Ursache für die Abnahme der Erträge der ungedüngten und der NPK-Parzelle der sogenannte Monokultureffekt angeführt. Sicher wird es einen solchen in diesem Versuch geben, doch dürfte er sich auf allen Parzellen gleich auswirken. Es gäbe also nur eine Verschiebung der absoluten Werte; in den Relationen zwischen den Düngungsvarianten würde sich kaum etwas ändern.

2. Diskussion der Ergebnisse

Die Auswertung der Erträge des „Ewigen Roggenbaues" in Halle mit Hilfe der Regressionsanalyse zeigt, daß die Düngungsmaßnahmen die Ertragsentwicklung unterschiedlich beeinflußt haben.
Auf der ungedüngten Parzelle ging der Ertrag ständig zurück. Während in den ersten Versuchsjahren noch 20,6 dt/ha geerntet wurden, waren es in den letzten (bis 1953) nur noch 8,1 dt/ha.
Die verabreichten Mineraldüngermengen steigerten den Kornertrag gegenüber „ungedüngt" in der Anfangsperiode um 8,7 dt/ha (siehe hierzu Tab. 4). Das entspricht kaum einem Drittel des Gesamtertrages. Infolgedessen entstammte der größere Teil der zur Ertragsbildung assimilierten Nährstoffe offensichtlich anderen Quellen als dem Mineraldünger.
Ähnlich wie auf der ungedüngten Parzelle nahm der Ertrag auch auf der NPK-Parzelle ständig ab. So ging der durchschnittliche Ertrag im Verlaufe von 75 Jahren um 8,2 dt/ha zurück. Da die Mineraldüngermengen jährlich gleich gehalten wurden, dürfte kein Zweifel bestehen, daß eine der Hauptursachen des Ertragsrückganges im Nachlassen des Nährstoffangebotes des Bodens zu suchen ist. Es deutet sich damit bei alleiniger Mineraldüngung bereits eine gewisse Erschöpfungstendenz des Bodens an.
Im Gegensatz zu den obengenannten beiden Düngungsvarianten steht die Stallmistparzelle. Gegenüber der ungedüngten Parzelle bringt die Stallmistdüngung zu Versuchsanfang zwar nur 5,3 dt/ha Korn mehr, ist also am Gesamtertrag in geringerem Maße beteiligt als die Mineraldüngung, das Ertragsvermögen bleibt jedoch auf dieser Parzelle im gesamten Versuchszeitraum praktisch konstant.

Die klare Differenzierung der Ertragsentwicklung zwischen den einzelnen Düngungsvarianten muß in enger Beziehung zur Veränderung des Stickstoff- und Humusgehaltes im Boden gesehen werden. Diese Frage soll in einer zweiten Mitteilung mit Hilfe einer N-Bilanzierung untersucht werden.
Auf jeden Fall dürften die bisherigen Betrachtungen eindeutig gezeigt haben, daß bestimmte entwicklungsmäßige Zusammenhänge zwischen Düngung und Ertrag nicht aus dem Vergleich langjähriger Mittelwerte ableitbar sind. Durch sie können, wie auch im „Ewigen Roggenbau", vorhandene Unterschiede nivelliert und bei einseitiger Betrachtung leicht falsche Schlußfolgerungen gezogen werden. Man muß sich darüber im klaren sein, daß sich derartige Schlußfolgerungen in der praktischen Landwirtschaft nicht gerade günstig auf die Anstrengung zur Verbesserung der Humusversorgung unserer Böden auswirken dürften.

Zusammenfassung

Am Beispiel des „Ewigen Roggenbaues" wurde gezeigt, daß für eine sinnvolle Auswertung von Dauerdüngungsversuchen die Verwendung langjähriger Mittelwerte (statische Betrachtung) wenig geeignet ist und daß es einer dynamischen Betrachtungsweise bedarf, um die wahren Zusammenhänge erkennen zu können. Mit Hilfe der Regressionsanalyse werden Ertragsniveau, Ertragsverlauf und Ertragssicherheit der drei wichtigsten Düngungsvarianten untersucht. Durch die Mineraldüngung [40 kg N (PK)] wurde zu Beginn des Versuches ein höheres Ertragsniveau erzielt als durch die Stallmistdüngung mit 65 kg N. Nach 75 Jahren war jedoch ein umgekehrtes Verhältnis festzustellen.
In der Ertragsentwicklung der ersten 75 Versuchsjahre zeigte die ungedüngte Parzelle mit — 0,17 dt Korn je ha und Jahr den stärksten Ertragsabfall. Mit nur geringem Abstand (b = —0,11 dt/ha) folgte die NPK-Parzelle. Dieser Vergleich zeigt, daß die Mineraldüngung wohl in der Lage ist, den Ertragsabfall etwa um $^1/_3$ zu vermindern, aber nicht aufzuhalten. Demgegenüber blieb der Ertrag auf der Stallmistparzelle praktisch konstant.
Die relativen Ertragsschwankungen nahmen auf der NPK-Parzelle stärker zu als auf der Stalldungparzelle.
Es wird angenommen, daß der deutlich voneinander abweichende Ertragsverlauf der drei Varianten „ungedüngt", „NPK" und „Stallmist" in engstem Zusammenhang mit der unterschiedlich beeinflußten Humusdynamik des Bodens steht.

Резюме

На примере „вечного возделывания ржи" было показано, что для правильного анализа длительных опытов по удобрениям многолетние средние величины (статическое изучение) являются малопригодными, и что результаты необходимо рассматривать динамически, чтобы распознать истинные взаимосвязи. С помощью регрессионных анализов изучались уровень урожайности, ход изменения урожайности и устойчивость урожаев трех важнейших вариантов по удобрению. В начале опыта в результате внесения минерального удобрения 40 кг N (PK) был получен более высокий уровень урожайности, чем от вне-

сения навоза с 65 кг N. Через 75 лет можно было однако установить обратное соотношение.
За первые 75 лет на неудобренной делянке наблюдалось наиболее сильное падение урожайности (−0,17 ц зерна с га за год). С небольшим интервалом (b − 0,11 ц с га) за ней следует делянка с внесением NPK. Это сравнение показывает, что минеральное удобрение может на 1/3 замедлить падение урожайности, но что оно не в состоянии полностью его предотвратить. В противовес этому, урожайность делянки, удобренной навозом оставалась фактически постоянной.
Относительные колебания урожайности на делянке с внесением NPK увеличивались сильнее, чем на делянке с внесением навоза.
Значительное различие хода изменения урожайности трех вариантов — ,,неудобренный“, ,,NPK“ и ,,навоз“. — вероятно находится в теснейшей связи с различным влиянием, которое оказывалось на динамику гумуса почвы.

Summary

The example of the permanent field experiment “eternal rye cultivation” at Halle/S. was used to show that the application of longstanding mean values (statical approach) was hardly suitable for proper interpretation of permanent manuring tests, and that recognition of real coherences and implications would require dynamic observation.
Level, development, and stability of yield for the three most important manuring variants were investigated by means of the analysis of regression. The yield level obtained at the outset of the test from 40 kg N (PK) mineral fertilization was higher than that obtained from 65 kg N farmyard manuring. A reversed proportion, however, was observed after 75 years had elapsed.
The greatest yield decline, −0.17 dt corn per hectare and annum, during the first 75 test years, was observed in the unfertilized plot. It was followed in minor distance by the mineral fertilization plot (b = −0.11 dt/ha). This comparison showed that mineral fertilization was able to reduce the yield decline by one third, but it was not able to stop it entirely. The yield obtained from the farmyard manure plot, however, remained practically constant.
Relative yield fluctuations observed on the nitrogen-phosphorus-potassium plot were greater than those observed on the farmyard manure plot.
The considerable deviations between the yield developments of the three variants concerned (“unfertilized”, “mineral fertilization”, “farmyard manure”) were assumed to be most closely associated to varying effects on the humus dynamics of the soil.

Literatur

Kühn, J.: Das Versuchsfeld des landwirtschaftlichen Instituts der Universität Halle a. S. Ber. physiol. Labor. u. Versuchsanst. d. landwirtsch. Inst. Univ. Halle 3 (1901), H. 15, S. 169—189

Merker, J.: Untersuchungen an den Ernten und den Böden des Versuches ,,Ewiger Roggenbau“ in Halle (Saale). Kühn-Arch. 70 (1956), S. 153—215

RAUHE, K.: Möglichkeiten des Humusersatzes durch Düngung und Pflanze. Sitz.-Ber. Dt. Akad. Landwirtsch.-Wiss. Berlin 13 (1964), H. 6

RAUHE, K.; KOEPKE, V.: Die Bedeutung der organischen Düngung im Stickstoffkreislauf des Ackerbodens. Thaer-Arch. 6 (1962), S. 177–193

ROEMER, TH.; IHLE. W.: Die Einfelderwirtschaft auf dem Versuchsfelde des Institutes für Pflanzenbau und Pflanzenzüchtung der Universität Halle. 2. Bericht. Kühn-Arch. 9 (1925), S. 13–52

SCHMALFUSS, K.: Siebzig Jahre „Ewiger Roggenbau". Kühn-Arch. 63 (1950), S. 1–14

SCHMALFUSS, K.; KOLBE, G.: Der „Ewige Roggenbau" in Halle nach 80 Jahren. Wiss. Z. Martin-Luther-Univ. Halle-Wittenberg, Math.-Naturwiss. R., 10 (1961), S. 425–430

SCHMALFUSS, K.; KOLBE, G.: Der Dünger Stallmist. Thaer-Arch. 7 (1963), S. 199–213

TRENDELBURG, R.: Statistische Methoden zur Untersuchung der Entwicklung der Hektarerträge und der Ertragssicherheit. Statist. Praxis 18 (1963), S. 304–308

WEBER, E.: Grundriß der biologischen Statistik. 3. Aufl., Jena, VEB Verl. Fischer, 1957

Anschrift der Autoren
Prof. Dr. KURT RAUHE und Dr. INGEBURG LEHNE
Institut für Acker- und Pflanzenbau
der Karl-Marx-Universität Leipzig
705 Leipzig, Johannisallee 19

Aus dem Institut für Acker- und Pflanzenbau
der Karl-Marx-Universität Leipzig

KURT RAUHE und INGEBURG LEHNE

Betrachtungen zu den Ergebnissen des Dauerdüngungsversuches „Ewiger Roggenbau" in Halle im Hinblick auf die Erhaltung der Bodenfruchtbarkeit

2. Mitteilung: Die Stickstoffentzüge und der Stickstoff im Boden

Eingegangen: 15. 5. 1965

In der 1. Mitteilung wurde über die Erträge des Dauerdüngungsversuches, insbesondere über den Ertragsverlauf und die Ertragssicherheit der drei wichtigsten Varianten „ungedüngt", „NPK" und „Stallmist", berichtet (RAUHE und LEHNE, 1966). In der vorliegenden 2. Mitteilung sollen die Zusammenhänge zwischen dem Verlauf der Erträge, der N-Aufnahme durch die Pflanze und dem N-Vorrat des Bodens untersucht werden.

Schon in älteren Arbeiten von PFEIFFER (1912) und SCHNEIDEWIND (1928) wurde darauf hingewiesen, daß der Rückgang der Erträge beim „Ewigen Roggenbau" auf der ungedüngten und der NPK-Parzelle auf eine Abnahme des Vorrats an Bodenstickstoff zurückzuführen sei. Zur gleichen Auffassung kamen auch ROEMER und IHLE (1925).

Nach Untersuchungen von SCHMALFUSS (1950), SCHMALFUSS und KOLBE (1961, 1963) sowie namentlich von MERKER (1956) soll für die Ertragsgestaltung der Stickstoff aus den Niederschlägen bedeutsamer sein als der aus dem Boden. So kommt MERKER z. B. zu dem fragwürdigen Schluß, daß im Erntegut der Stallmist- und der NPK-Parzelle kein Stickstoff aus dem Boden enthalten war und auf der ungedüngten Parzelle der Boden nur 4 kg N je ha und Jahr beigetragen habe.

Einer der Hauptgründe dieser unhaltbaren Befunde liegt u. E. darin, daß man immer wieder von dem von KÜHN (1901, S. 178) bei Anlage des Versuches ermittelten C-Gehalt des Bodens von 1,24% ausgeht. Offenbar ist dieser Wert nicht real. Einmal gab es damals noch keine ausreichend brauchbare Bestimmungsmethode, zum anderen sind Kohlenstoffuntersuchungen auch heute noch sehr problematisch. Auf diese Umstände weisen in neueren Arbeiten besonders sowjetische und amerikanische Forscher hin; sie empfehlen als geeigneteren Weg Stickstoffuntersuchungen im Boden (TJURIN, 1956; MILLAR, 1955).

Es ist das Verdienst MERKERS, mehrere Jahre hintereinander C und N im Boden zu gleichen Terminen untersucht zu haben, so daß von ihm die aufschlußreichsten Werte vorliegen. Daraus geht eindeutig hervor, daß sich die Düngungsmaßnahmen recht unterschiedlich auf den C- und N-Vorrat des Bodens ausgewirkt haben. Sie deuten weiterhin in den 75 Versuchsjahren auf allen Parzellen ein unverändertes C:N-Verhältnis an.

Eine andere Gefahr für Fehlschlüsse aus diesem Versuch ist u. E. durch das Vorgehen gegeben, die Stickstoffbilanzen ausschließlich aus Gesamtmittel- bzw. Sum-

menwerten abzuleiten, ohne den Verlauf der Aufnahme durch die Pflanzen und die Veränderung des Bodenvorrats an Stickstoff zu berücksichtigen.
Im folgenden sollen die angeführten Fehler der bisher zum Teil praktizierten Versuchsauswertung vermieden und vorwiegend auf der Grundlage des Zahlenmaterials von Merker soll nachgewiesen werden, daß auch andere als die bisher gezogenen Schlußfolgerungen möglich sind.
In dieser Absicht finden unterstützend auch die aus eigenen Dauerversuchen gewonnenen Erkenntnisse (Rauhe, 1964; Rauhe und Koepke, 1962; Rauhe und Lehne 1961, 1964; Rübensam und Rauhe, 1964) sowie die sowjetischer Autoren (Prjanischnikow, 1952; Tjurin 1956, u. a.) Berücksichtigung.

1. Der Stickstoffentzug durch die Ernten

Über die Stickstoffentzüge durch die Ernten liegen aus fast allen Zeitabschnitten Untersuchungswerte vor. In den folgenden Tabellen werden zunächst die aus den ersten 15 Versuchsjahren gemittelten Entzüge der 3 Düngungsvarianten gegenübergestellt.

Tabelle 1
Stickstoffentzug durch die Ernten bei Versuchsbeginn des „Ewigen Roggenbaues", berechnet nach 15jährigen Mittelwerten 1879/1893 von Merker (1956, S. 164)

Varianten	Korn Ertrag* dt/ha	Korn % N**	Korn kg N	Stroh Ertrag* dt/ha	Stroh % N***	Stroh kg N	Insg. N kg/ha	Diff. gegenüber „ungedüngt"
ungedüngt	18,1	1,77	32,0	32,4	0,39	12,6	44,6	–
NPK	26,0	1,82	47,3	46,8	0,38	17,8	65,1	**+20,5**
Stallmist	23,0	1,81	41,6	41,6	0,40	16,6	58,2	**+13,6**

* Trockenmasse
** Merker, S. 175
*** nach Angaben von Roemer und Ihle (1925, S. 25)

Entsprechend dem Ertragsniveau der ersten 15 Jahre enthielten die Ernten auf der ungedüngten Parzelle relativ hohe N-Mengen (44,6 kg). Auf der NPK-Parzelle betrug die Mehraufnahme an N gegenüber „ungedüngt" nur 20,5 kg. Das entspricht der Hälfte des durch Düngung zugeführten Stickstoffs und einem knappen Drittel der insgesamt im Erntegut nachgewiesenen Menge.
Auf der Stallmistparzelle wurden gegenüber „ungedüngt" 13,6 kg/ha N mehr aufgenommen. Vom zugeführten Stallmiststickstoff sind das nur 21%. Diese im Vergleich zur mineralischen Stickstoffdüngung weit geringere N-Ausnutzung zu Versuchsbeginn ist u. a. auf die bekannte langsame Freigabe des Stallmiststickstoffes im allgemeinen und auf die gegenüber Hackfrüchten unter Roggen geringere Mineralisierungsrate im besonderen zurückzuführen. Das betrifft jedoch nur die Nährstoffwirkung im begrenzten Zeitraum, aus der die Gesamtwirkung des Stalldunges noch nicht erkennbar ist.

Nach 75jähriger Versuchsdauer liegen im Mittel der Jahre 1939–1953 auf den einzelnen Parzellen wesentlich andere Verhältnisse vor (Tab. 2).

Tabelle 2

Stickstoffentzug nach 75jähriger Versuchsdurchführung im „Ewigen Roggenbau", berechnet nach den 15jährigen Mittelwerten 1939–1953 von MERKER (1956, S. 164)

Varianten	Korn Ertrag* dt/ha	Korn % N**	Korn kg N	Stroh Ertrag* dt/ha	Stroh % N***	Stroh kg N	Insg. N kg/ha	Diff. gegenüber „ungedüngt"
ungedüngt	9,5	1,63	15,5	16,6	0,39	6,5	22,0	–
NPK	19,6	1,65	32,3	36,7	0,39	14,3	53,4	+24,6
Stallmist	22,8	1,70	38,8	37,4	0,39	14,6	46,6	+34,4

* Trockenmasse
** nach Angaben von MERKER (1956, S. 175)
*** nach Angaben von SCHMALFUSS und KOLBE (1961, S. 427)

Analog der Ertragsentwicklung hat sich die Rangordnung der N-Aufnahme zwischen NPK und Stalldung zugunsten des letzteren umgekehrt. Zur besseren Übersicht dieser Entwicklung sind die Gesamtentzüge an Stickstoff aus den Tabellen 1 und 2 in Tabelle 3 zusammengefaßt und die Veränderungen mit angeführt worden.

Tabelle 3

Stickstoffentzüge in kg/ha zu Beginn des Versuches „Ewiger Roggenbau" (1879/93) und nach 75jähriger Versuchsdauer (1939/53)
(15jährige Mittelwerte, berechnet nach Angaben von MERKER, 1956)

Parzellen	1879/93	1939/53	Differenz zum Versuchsanfang
ungedüngt	44,6	22,0	–22,6
NPK	65,1	46,6	–18,5
Stallmist	58,2	53,4	– 4,8

Während auf der ungedüngten Parzelle in den ersten Versuchsjahren noch 44,6 kg N in den Ernten nachgewiesen wurden, waren es im Mittel der Jahre 1939/53 mit 22,0 kg etwa nur noch halb so hohe Mengen. Der Rückgang betrug 22,6 kg N/ha. Vergleicht man hiermit die NPK-Parzelle, so war der Rückgang der N-Aufnahme im genannten Zeitraum nur um 4,1 kg bzw. 18% geringer als auf der ungedüngten Variante. Die verminderte N-Aufnahme auf beiden Parzellen dürfte in erster Linie mit der Abnahme an Humus bzw. Stickstoff im Boden zu erklären sein. Die verhältnismäßig kleine Differenz von 4,1 kg N/ha zwischen der ungedüngten und der NPK-Parzelle zugunsten der letzteren könnte auf den etwas vermehrten Stickstoffumlauf über die durch die Mineraldüngung erhöhten Wurzelmengen zurück-

geführt werden. Sie deutet unter den gegebenen Anbaubedingungen nur einen kleinen humuserhaltenden Beitrag der NPK-Düngung an.
Aus den genannten Zahlen ist zu entnehmen, daß ausschließliche Minderaldüngung den Rückgang der N-Aufnahme ebenso wie den der Erträge wohl etwas aufhalten, aber keinesfalls verhindern konnte.
Demgegenüber vermochte die Stallmistgabe von jährlich 120 dt/ha das N-Angebot auf dieser Parzelle im Laufe von 75 Jahren etwa konstant zu halten, zumal auch die Kornerträge zu Versuchsbeginn (Mittel der Jahre 1879—1893) und Versuchsende (Mittel der Jahre 1939—1953) gleichgeblieben sind (23,0 bzw. 22,8 dt/ha).
Diesen im Gesamtzeitraum von 75 Jahren unterschiedlichen N-Entzugswerten stehen die von Merker angegebenen Durchschnittswerte gegenüber. Er gibt als jährlichen Entzug für die ungedüngte Parzelle 30,7, die NPK-Parzelle 54,0 und für die Stallmistparzelle 56,4 kg/ha an (s. auch Tab. 5).
Bei der Beschränkung auf 75jährige Mittelwerte treten selbstverständlich die durch Düngungsmaßnahmen hervorgerufenen aufschlußreichen Veränderungen nicht zutage. Es muß immer wieder betont werden, daß nur durch dynamische Auswertungsprinzipien bei solchen Versuchen wertvolle praktische Schlußfolgerungen zu erreichen sind.

2. Betrachtungen zum Anfangsgehalt an Stickstoff im Boden und seine Veränderung in 75 Jahren

Die für die Ertragsentwicklung bedeutsamen Veränderungen des Stickstoffvorrats im Boden sind für den gesamten Versuchszeitraum nur indirekt erfaßbar, weil vom Versuchsbeginn keine Ausgangswerte über den Stickstoffgehalt des Bodens vorliegen. Roemer und Ihle gelangten in ihrem Versuchsbericht aus dem Jahre 1925 durch Rückberechnung über die N-Entzüge der Ernten zu einem Ausgangswert von 0,136% N. Dieser wird 5 Jahre später von Scheffer (1931, 1932) bestätigt. Merker (1956) sowie Schmalfuss und Kolbe (1961, 1963) zweifeln diesen Anfangsgehalt jedoch an und operieren ausschließlich mit C-Werten, ausgehend von dem von Kühn angegebenen Anfangsgehalt von 1,24% C. Da sich das C:N-Verhältnis selbst durch die verschiedenen Düngungsmaßnahmen bisher kaum verändert hat, müßte bei dem C:N von 13,1:1 und dem C-Gehalt von 1,24% nach den letztgenannten Autoren der Gehalt an Stickstoff zu Versuchsbeginn etwa 0,095% betragen haben. Dieser Anfangsgehalt erweist sich jedoch bei näherer Betrachtung der Verhältnisse im ungedüngten Boden als unreal. So fand Merker nach 75jähriger Versuchsdauer auf der ungedüngten Parzelle mit 0,086% N nur 0,009% weniger, als nach den obigen Berechnungen bei einem C-Gehalt von 1,24% und einem C:N von 13,1:1 zu Versuchsbeginn vorhanden gewesen wäre. Bezogen auf 1 ha und 22,5 cm Krumentiefe entspräche die Verringerung von 0,009% nur insgesamt 270 kg N oder einem jährlichen Rückgang an Boden-N von 3,6 kg/ha. Von dem insgesamt vorhandenen Stickstoffvorrat in der Krume dürften demnach für die Ertragsbildung jährlich kaum mehr als 0,1% verfügbar geworden sein; eine Mineralisierungsrate in der Größenordnung von 0,001 ist aber aus der Kenntnis anderer Dauerversuche und spezieller Mineralisierungsversuche höchst unglaubwürdig. Im übrigen beweist Merker (1956, S. 197) in seinen 1954 durchgeführten Brutversuchen, daß im ungedüngten Boden in 3 Wochen bei 30 °C mit 2,4 mg N/100 g Boden noch beachtliche Stickstoffmengen mineralisiert wurden. Bei einem Gesamtstickstoffgehalt von 85 mg N/100 g zu dieser Zeit (s. Tab. 4) betrug die Mineralisierungsrate des 75 Jahre ungedüngten Bodens demnach 0,028. Selbst wenn die Stickstoffnachlieferung am Standort etwas geringer sein sollte, erscheint die aus dem Durchschnitt von 75 Jahren abgeleitete jährliche Rate von 0,001 völlig abwegig. Infolgedessen muß der Anfangsgehalt an N höher als 0,095 und der an C höher als 1,24% gewesen sein.

Da der von ROEMER und IHLE errechnete Gehalt von 0,136% N den tatsächlichen Verhältnissen zweifellos näherkommt als der von KÜHN angegebene C-Gehalt, wurde er für unsere Berechnungen als Ausgangswert akzeptiert. Danach ergibt sich in der Krume von 0—22,5 cm zu Versuchsbeginn eine N-Menge von 4080 kg/ha. Es wurde das von KULLMANN (1962) für diesen Boden ermittelte durchschnittliche Volumengewicht von 130 g zugrunde gelegt.

Tabelle 4

Gegenüberstellung von N-Gehalt und N-Mengen im Boden zu Versuchsbeginn des „Ewigen Roggenbaues" und nach 75 Jahren (in der Krume 0—22,5 cm)

Parzellen	Anfangswert*		1953		Differenz	
	%	kg/ha	%**	kg/ha	insg.	kg/Jahr
ungedüngt	0,136	4080	0,085	2550	– 1530	20,4
NPK	0,136	4080	0,094	2820	– 1260	16,8
Stallmist	0,136	4080	0,132	3960	– 120	1,6

* nach ROEMER und IHLE
** Werte von MERKER (1956, S. 186)

Aus dem in Tabelle 4 dargestellten Vergleich des Stickstoffgehaltes zu Versuchsbeginn (nach ROEMER und IHLE) und nach 75 Jahren (nach MERKER) ist zu entnehmen, daß auf der ungedüngten Parzelle allein aus der Krume jährlich durchschnittlich 20,4 kg N/ha entzogen wurden. Auf der NPK-Parzelle war der Entzug mit 16,8 kg N/ha und Jahr nicht viel geringer (17,6%).

Wesentlich anders liegen die Verhältnisse in der Stallmistparzelle: Es ist kaum ein N-Rückgang im Boden eingetreten, weil der zugeführte Stallmist mit seinen schwer zersetzbaren organischen Substanzen und dem organisch gebundenen Stickstoff die jährlich aus dem Bodenhumus mineralisierten N-Mengen ersetzen konnte.

3. Die Stickstoffbilanzen von MERKER

In den von MERKER (1956) durchgeführten Stickstoffbilanzen diente der vorstehend als zu niedrig erkannte Ausgangswert von 0,095% N (ausgehend von 1,24% C) als Berechnungsgrundlage. Die Benutzung eines solchen Wertes mußte sich zwangsläufig in entsprechenden Mängeln bei der Bilanzierung widerspiegeln (Tab. 5). Tatsächlich kommt MERKER im 75 Jahre ungedüngten Boden bei der ausgewiesenen bodenbürtigen Stickstoffbereitstellung von nur 4 kg/ha und Jahr zu dem ungewöhnlichen Ergebnis einer schwach positiven Stickstoffbilanz. Die in anderen Versuchen, namentlich mit Lysimetern, immer wieder ermittelten erheblichen Verluste durch Auswaschung sowie die geschätzten Denitrifikationsverluste liegen häufig in der Größenordnung der jährlich durch Niederschläge zugeführten Stickstoffmenge oder auch höher. Sie blieben aber unerkannt, weil durch die geringe Differenz zwischen dem zu niedrig angenommenen Anfangsgehalt und dem nach 75 Jahren ermittelten Gehalt an Stickstoff das Problem des Stickstoffdefizits offenbar gar nicht auftreten konnte. Weiterhin dürfte die mit 25 kg N/ha aus Niederschlägen (s. Tab. 5) ausgewiesene N-Zufuhr in den ersten Jahrzehnten des Versuches bei noch nicht so umfangreicher Industriekapazität im Hallenser Raum zweifellos niedriger gewesen sein. Anderenfalls wäre die doch recht unwahrscheinliche Relation der Stickstoffversorgung zu 25 kg aus den Niederschlägen und zu nur 4 kg aus dem Boden gegeben.

Diese Unklarheiten sind offensichtlich ursächlich auf den benutzten zu geringen Anfangsgehalt an Gesamtstickstoff im Boden zurückzuführen.

Auf der Basis des Ertragsmittels kommt MERKER auf der ungedüngten Parzelle zu einem N-Entzug von durchschnittlich 30,7 kg/ha.

Tabelle 5

„Ewiger Roggenbau“, Stickstoffbilanzen in kg N/ha und Jahr; Durchschnitt von 75 Jahren (MERKER, 1956, S. 205)

	ungedüngt	NPK	Stallmist
N-Zufuhr durch Düngung	—	40	65
N-Zufuhr durch Niederschläge	25	25	25
N-Zufuhr durch Saatgut	2,6	2,6	2,6
N-Zufuhr insgesamt	27,6	67,6	92,6
N-Entzug insgesamt	30,7	54,0	56,4
in der organischen Substanz festgelegt	—	—	14,4
durch Zersetzung der organischen Substanz freigelegt	4,0	—	—
Differenz	+ 0,9	− 13,6	− 21,8

Wie schon bei den Erträgen läßt MERKER auch bei den N-Entzügen die dynamische Entwicklung unberücksichtigt, wodurch seine Bilanzierung erneut anfechtbar wird. So wurden durch die Ernten in der Anfangsperiode des Versuches statt der durchschnittlichen 30,7 kg N tatsächlich 44,6 kg, also 13,9 kg mehr, und in der Endperiode der 75 Jahre nur noch 22 kg, also 8,7 kg N weniger, entzogen (Abb. 1). Da MERKER die N-Zufuhr aus Niederschlägen und aus dem Saatgut mit 27,6 kg konstant einsetzt, hätte die verbleibende N-Quelle, der Boden, in der Anfangsperiode 17 kg zuliefern müssen, während in der Endperiode aus den Niederschlägen und dem Saatgut allein 5,7 kg N je ha und Jahr übrig sind, die der Boden gewinnen müßte.

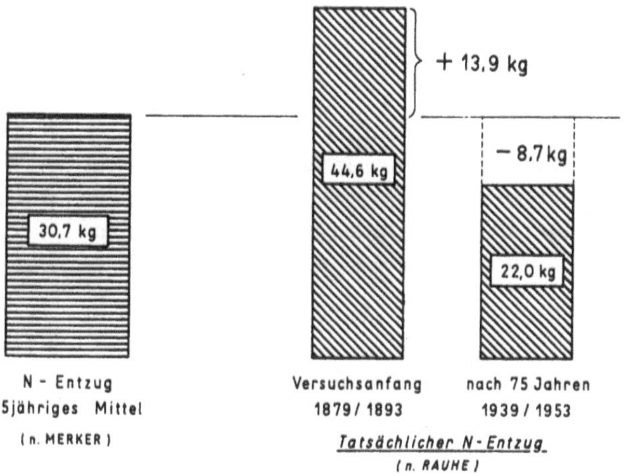

Abb. 1.: N-Bilanz der O-Parzelle

Auf der NPK-Parzelle wurden von Merker 54,0 kg N als durchschnittlicher Entzug pro Jahr errechnet. Da der Kohlenstoffgehalt konstant geblieben sein soll, erfolgt nach seiner Berechnung keine Stickstoffaufnahme aus dem Bodenvorrat. Auch hier muß die Frage nach der Herkunft des Stickstoffs zu Beginn des Versuches gestellt werden; denn für die ersten Jahre ergibt sich ein Entzug durch die Ernten von 65,1 kg N, der ohne Beitrag durch Boden-N nur durch eine fast 100%ige N-Düngerwirkung abzudecken gewesen wäre, und das erscheint ausgeschlossen. Nach 75jähriger Versuchsdauer wurden auf dieser Parzelle nur noch 46,6 kg N entzogen. Der N-Entzug ging somit um 18,5 kg zurück. Wenn Boden-N am Ertrag nicht beteiligt gewesen sein soll, bliebe der Rückgang der Ernteerträge und Stickstoffentzüge unverständlich. Erklärbar wird der Ertrags- und Entzugsrückgang jedoch, wenn auch der verfügbare Vorrat an Bodenstickstoff abgenommen hätte, und das würde wiederum einen höheren Anfangsgehalt des Bodens an Stickstoff voraussetzen.

Für die Stallmistparzelle ermittelte Merker Entzüge von durchschnittlich 56,4 kg N, zuzüglich 14,4 kg N, die jährlich in der organischen Substanz des Bodens festgelegt wurden. Die Akkumulation von Humus und damit von Bodenstickstoff erreichte bei den jährlich hohen Stallmistgaben in den ersten Jahrzehnten nach Merker höhere Ausmaße als in den späteren. Auch die unproportionale Steigerung des C-Gehaltes als Parameter für den Humus- und Stickstoffgehalt in den ersten 50 Jahren (von 1,24 auf 1,64%) und in den folgenden 25 Jahren (von 1,64 auf 1,68%) erscheint wenig glaubwürdig.

In der von Merker durchgeführten Bilanzierung verblieben nicht berechenbare Differenzen bei der NPK-Variante von −13,6 und bei der Stallmistvariante von −21,5 kg N je ha und Jahr. Sie sind vermutlich auf Auswaschungs- und Denitrifikationsverluste zurückzuführen. Unverständlich bleibt die Bilanz des ungedüngten Bodens ohne jegliche Verluste.

4. Komplexe Betrachtung von N in Pflanze und Boden

Obwohl N-Bilanzen aus 75jährigen Summen- bzw. Mittelwerten ohne Berücksichtigung der unterschiedlichen N-Verhältnisse wenig brauchbare Schlußfolgerungen zulassen, sollen trotzdem die von MERKER ermittelten Durchschnittswerte benutzt werden, um zu zeigen, daß man sie auch anders interpretieren kann. Dazu sind in Abbildung 2 die von MERKER errechneten N-Entzüge der Ernten von 1879 bis 1953 mit den im Jahre 1953 ermittelten Stickstoffmengen im Boden zusammen dargestellt worden.

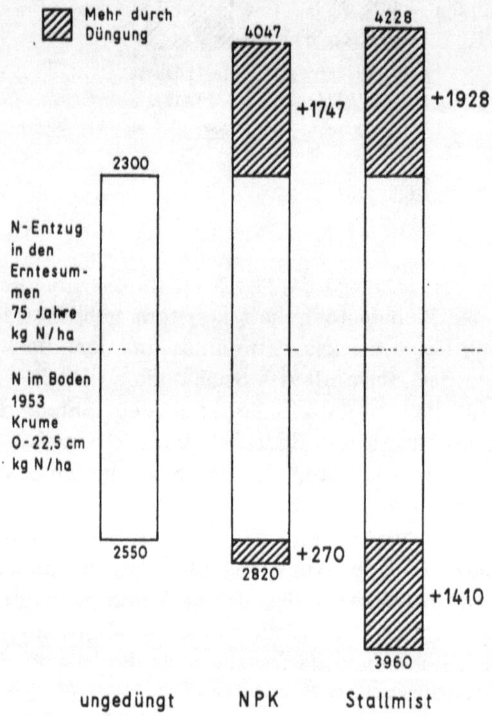

Abb. 2.: Darstellung der Gesamt-N-Erträge der Erntesummen und des Bodenstickstoffs auf den 3 wichtigsten Parzellen (nach MERKER)

Es zeigt sich, daß beide Düngungsvarianten die Aufnahme durch Pflanzen und den Endbestand des Bodens unterschiedlich beeinflußt haben. Auf der NPK-Parzelle wurden im Vergleich zu „ungedüngt“ in den Ernten insgesamt 1747 kg, im Boden aber nur 270 kg mehr N nachgewiesen. Hingegen lassen die entsprechenden Zahlen der Stallmistparzelle mit + 1928 kg bzw. + 1410 kg N erkennen, daß vom Stalldungstickstoff nicht nur eine beträchtliche Menge in den Ernten, sondern auch im Boden nachweisbar war. Addiert man die nach 75jähriger Versuchsdauer so ermittelten Stickstoffmengen in Pflanze und Boden, dann ergeben sich die in der ersten Spalte von Tabelle 6 aufgeführten Summenwerte. Aus dem Vergleich der durch Düngung gegenüber „ungedüngt“ vermehrt nachgewiesenen mit den durch Düngung zugeführten N-Mengen läßt sich die Verwertung des Stickstoffs für den Komplex Pflanze + Boden errechnen. Dieser Rechnungsgang auf der

Bezugsbasis des ungedüngten Bodens eliminiert den umstrittenen Anfangswert des Bodens an C und N.

Tabelle 6

Stickstoff in den Ernten und im Boden nach 75jähriger Versuchsdauer des „Ewigen Roggenbaues" auf Vergleichsbasis der ungedüngten Variante (Angaben in kg/ha)

Parzelle	Gesamt-Stickstoff* (Boden + Pflanze)	mehr durch Düngung als Kontrolle	durch Düngung zugeführt	Verwertung des zugeführten Stickstoffs durch Boden und Pflanze
ungedüngt	4850	—	—	—
NPK	6867	+2017	3000	67,2%
Stallmist	8188	+3338	4875	68,5%

* Angaben von MERKER (1956, S. 186 u. 204)

Da mit Bestimmtheit auf allen Parzellen die gleichen Niederschläge gefallen sind und auch die gleiche Saat verwendet wurde, müssen die auf der NPK- und der Stallmistparzelle in den Ernten und im Boden vermehrt gefundenen Stickstoffmengen durch die Düngung zugeführt worden sein. Insgesamt lassen sich auf diesem Wege vom Stickstoff des Mineraldüngers und des Stalldunges mit 67,2 bzw. 68,5% gleiche Anteile nachweisen. Der Wirkungsunterschied besteht nur darin, daß der mineralische Stickstoff praktisch als reiner Nährstoffdünger zu betrachten ist, während der Stalldungstickstoff neben seiner Nährstoffwirkung gleichzeitig den durch die Ernten entzogenen Bodenstickstoff ergänzt und den für das Leistungsvermögen des Bodens so bedeutungsvollen Humushaushalt begünstigt.

Vergleicht man die nach dem obigen Rechnungsgang in Erntegut und Boden ermittelten 67,2% Mineraldünger-N und 68,5% Stallmist-N mit der Ausnutzung dieser Stickstoffquellen nach MERKER mit 79,9 bzw. 60,9%, so ergeben sich erhebliche Diskrepanzen, namentlich in der Mineraldüngerwirkung.

Bei der bisherigen dynamischen Betrachtungsweise ergab sich, daß die N-Entnahmerate durch die Pflanze und auch der Stickstoff im Boden in den drei Düngungsvarianten unterschiedlich beeinflußt wurden. Im folgenden sollen die Verhältnisse in Boden und Pflanze miteinander verglichen werden.

Abbildung 3 zeigt die absolute Abnahme des Stickstoffvorrats in der Krume des Bodens — ausgehend von den Anfangswerten nach ROEMER und IHLE — und die Abnahme der N-Entnahmeraten durch die Ernten im Verlauf der 75jährigen Versuchsdauer.

In der zeitlichen Veränderung des Bodenvorrats an N und der N-Entnahme durch die Ernten zeigt sich hinsichtlich der Reihenfolge der drei Varianten die gleiche Tendenz:

Auf der ungedüngten Parzelle nimmt der Gesamtstickstoffvorrat jährlich um 20,4 kg/ha ab, der Stickstoffentzug durch die Pflanze vermindert sich insgesamt um 22,6 kg/ha.

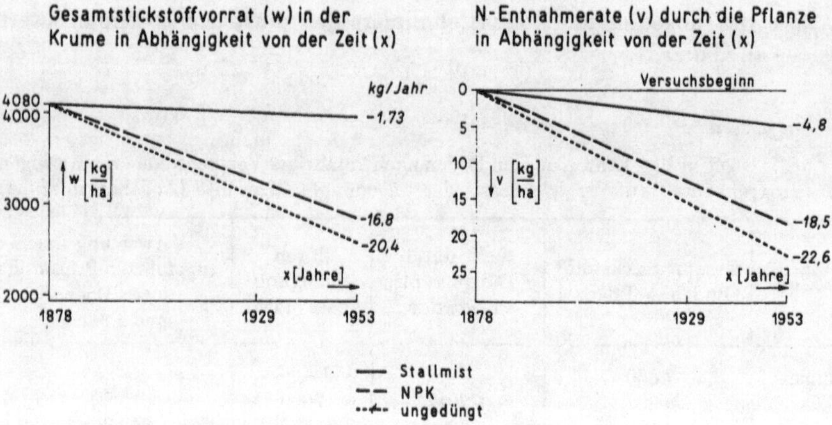

Abb. 3: Gesamt-N-Vorrat des Bodens und N-Entnahmerate bei unterschiedlicher Düngung im „Ewigen Roggenbau", Halle (nach RAUHE)

Die Abnahme des Gesamtstickstoffvorrats in der Krume der NPK-Parzelle ist mit jährlich 16,8 kg/ha nur um 3,6 kg N geringer als auf der ungedüngten Parzelle. Ähnlich angenäherte Verhältnisse zwischen den beiden Varianten ohne organische Düngung finden sich auch in den Ernteentzügen an Stickstoff, die bei der NPK-Parzelle in 75 Jahren mit 18,5 kg N nur um 4,1 kg weniger zurückgingen als bei „ungedüngt" (17,6% : 18,1%).

Demgegenüber beweist die Stallmistparzelle erneut ihre Leistungskonstanz, da die Stickstoffentnahmeraten und der Gesamtstickstoffvorrat hier nur unwesentlich abgesunken sind.

Diese weitgehende Parallelität zwischen Rückgang des Gesamtvorrates an N und des Ernteentzuges zwischen den 3 Düngungsvarianten zeigt, daß eine enge Beziehung zwischen dem Bodenvorrat an N und dem Pflanzenentzug bestehen muß.

Eine derart sinnvolle Übereinstimmung ist demgegenüber nicht vorhanden, wenn man den von MERKER für den Versuchsbeginn angenommenen C-Gehalt von 1,24% zugrunde legt. In dieser Hinsicht zeigt Abbildung 4 nach den von MERKER ausgewiesenen Veränderungen des N- und C-Vorrats im Boden zu der mit Sicherheit abhängigen Entnahmerate an N durch die Ernten keinerlei Zusammenhang. Diese Diskrepanz kommt offensichtlich durch die Benutzung des anzuzweifelnden Anfangswertes von 1,24% C zustande. Sie wird in Abbildung 4 besonders augenfällig.

In der Abbildung 3 wurde die Abnahme des Bodenstickstoffs, für deren Feststellung nur zwei Werte vorhanden sind (Versuchsbeginn und nach 75 Jahren), der Einfachheit halber als lineare Funktion dargestellt. Bei Berechnung der Mineralisierungsrate, die zunächst relativ hoch ist und mit zunehmender Ausschöpfung des Bodens ständig geringer wird, kann angenommen werden, daß der Humusabbau im Boden nach der in Abbildung 5 dargestellten e-Funktion verläuft[1], bei der die

[1] Herrn Dipl.-Phys. R. LAUE sind wir für die Durchführung der mathematischen Berechnungen zu Dank verpflichtet

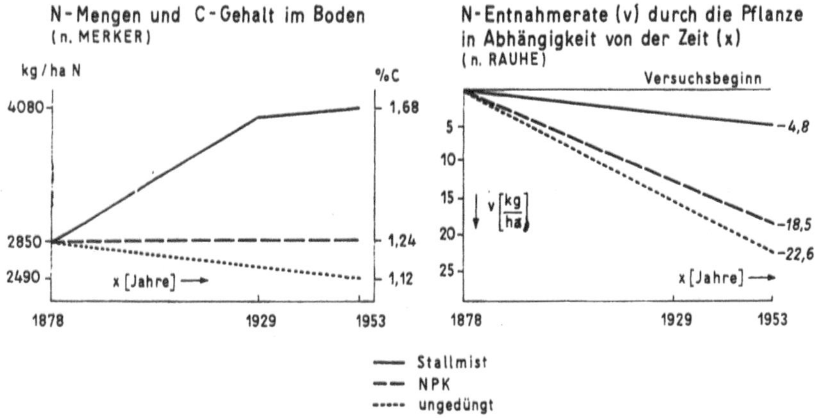

Abb. 4: Vergleich von C und N im Boden mit N-Entnahmerate bei unterschiedlicher Düngung im „Ewigen Roggenbau", Halle

Annahme zugrunde liegt, daß der Stickstoffvorrat des Bodens bei fehlender Ergänzung nur bis zu 56% in Anspruch genommen wird, was einer unteren Grenze von 1800 kg entspricht.

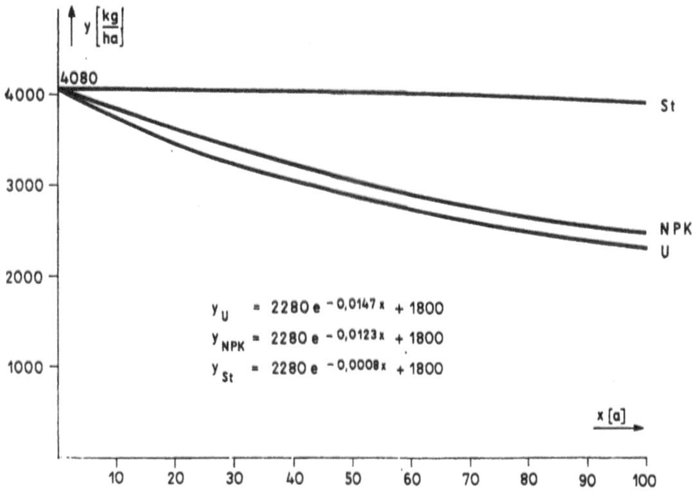

Abb. 5: Änderung des Gesamtstickstoffvorrats des Bodens (y) in Abhängigkeit von der Zeit (x) bei unterschiedlicher Düngung

Aus Abbildung 5 geht hervor, daß nur auf der Stallmistparzelle der anfängliche N-Vorrat erhalten bleibt, während er auf der NPK- und der ungedüngten Parzelle kontinuierlich abnimmt.

Unter der Voraussetzung eines konstant bleibenden C:N-Verhältnisses von 13,1:1 haben die C-Kurven den gleichen Verlauf.

Aus der Änderung des N-Vorrates bei unterschiedlicher Düngung ist ferner zu entnehmen, daß sich nur auf der Stallmistparzelle ein beständiger Humusspiegel (Köhnlein, 1964) eingespielt hat, weil sich hier Auf- und Abbau von Humus die Waage halten. Ohne jede Düngung, aber auch bei ausschließlicher Mineraldüngung, hat sich der Humusspiegel auch nach 75 Jahren noch nicht reguliert.

5. Diskussion der Ergebnisse

Es wurde nachgewiesen, daß die von Merker aufgestellten N-Bilanzen und die daraus gezogenen Schlußfolgerungen über den Wert der Stallmistdüngung dem wahren Sachverhalt nicht entsprechen können, weil er einen zu niedrigen Anfangsgehalt an C im Boden akzeptiert und den in Niederschlägen gefundenen Stickstoff mit 25 kg für den Durchschnitt der 75 Jahre offenbar zu hoch angenommen hat. Dadurch kommt Merker zu dem zweifelhaften Ergebnis, daß bei alleiniger NPK-Düngung der Bodenvorrat an Stickstoff durch die Ernten nicht beansprucht wurde und mit dieser Düngungsmaßnahme das Leistungsvermögen des Bodens aufrechterhalten werden könne. Weiterhin bleiben bei der von Merker vorgenommenen Bilanzierung N-Verluste durch Auswaschung und Denitrifikation weitgehend unerkannt.

Wenn es darüber für den „Ewigen Roggenbau" auch keine Untersuchungen gibt, so weist Scheffer (1931) begründet darauf hin, daß derartige Verluste mit einzukalkulieren sind, da sie nach Untersuchungen in Bromberg und in Rothamstedt in Höhe von 30 bis 56 kg N/ha bei ackerbaulicher Nutzung des Bodens auftreten können.

Scheffer schließt sich bei der Auswertung des „Ewigen Roggenbaues" nach 50-jähriger Versuchsdauer deshalb der Meinung von Löhnis an, daß sich N-Zufuhr durch die Niederschläge und N-Verluste durch Auswaschung etwa decken könnten. Auch Prjanischnikow kommt zu einer ähnlichen Auffassung. Selbst wenn die Verhältnisse in Halle in den letzten Jahrzehnten etwas anders liegen, hätte Merker in seiner Bilanzierung zumindest zu einem größeren Fehlbetrag an Stickstoff kommen müssen, der in anderen, ähnlichen Dauerversuchen als nicht berechenbar den N-Verlusten zugeschrieben wird.

Bei der von uns vorgenommenen Auswertung des „Ewigen Roggenbaues" anhand des vorhandenen Materials finden wir in voller Übereinstimmung mit der bereits 1925 von Roemer und Ihle geäußerten Meinung, daß man in diesem Versuch den Stallmist erneut als ein wichtiges Mittel schätzen lernt, unsere Ernten auf gleicher Höhe zu halten. Die genannten Autoren sind wie wir der Ansicht, daß der mineralische Stickstoff allein dazu wenig geeignet erscheint. Die mit NPK-Düngung für eine gewisse Zeit möglichen hohen Erträge werden auf Kosten des Bodens erzielt. Der Stallmist ist dagegen bei angemessen hoher Anwendung in der Lage, für den Verlust an Bodenstickstoff vollen Ersatz zu bieten und gleichbleibende Ernten zu sichern.

Zusammenfassung

Bei fast allen neueren Auswertungen des „Ewigen Roggenbaues" wurden bevorzugt langjährige Mittelwerte benutzt und in Stickstoffbilanzen offenbar zu große

N-Mengen aus den Niederschlägen bei Vernachlässigung der aus dem Bodenhumus frei werdenden N-Mengen eingesetzt. Außerdem operierte man mit einem zu niedrigen Anfangswert für den C-Gehalt des Bodens (1,24% C). Aus diesem Grunde und vor allem durch eine bevorzugt statische Auswertung der Ergebnisse kam man zu der Schlußfolgerung, daß bei ausschließlicher Mineraldüngung das Ertragsniveau aufrecht erhalten werden könne und die Bodenfruchtbarkeit nicht absinke.
In der vorliegenden Arbeit wird gezeigt, daß man durch die Auswertung des in Veröffentlichungen vorliegenden Zahlenmaterials bei einer nunmehr dynamischen Betrachtungsweise unter Berücksichtigung des Verlaufes der N-Aufnahme bei der Ertragsbildung und des Stickstoffvorrates im Boden zu völlig anderen Schlußfolgerungen gelangen kann.
So nimmt während des 75jährigen kontinuierlichen Roggenbaues auf der NPK-Parzelle der Humusvorrat bei gleichzeitig geringer werdender Mineralisierungsrate nach und nach ab. In Übereinstimmung damit kommt es auch zu einer Verminderung der N-Aufnahme und der Pflanzenerträge.
Durch Stallmistdüngung wird dagegen der bei Versuchsbeginn vorhandene Humusvorrat auf gleicher Höhe gehalten und damit die einfache Reproduktion gesichert. Dementsprechend bleiben auch die N-Aufnahme und die Pflanzenerträge annähernd unverändert.
Aus diesen Befunden kann abgeleitet werden, daß eine ausschließliche Mineraldüngung nicht in der Lage ist, die Bodenfruchtbarkeit zu erhalten.

Резюме

Почти во всех новейших анализах опыта по „вечному возделыванию ржи" преимущественно использовались многолетние средние данные, и в азотные балансы включались, повидимому, завышенные показатели поступления азота с осадками при недостаточном учете высвобождающегося из почвенного гумуса азота. Кроме того, в расчетах использовался слишком низкий исходный показатель содержания углерода в почве (1,24% C). По этой причине, и прежде всего из-за статичности способа анализа результатов, пришли к выводу, что при исключительно минеральном удобрении уровень урожайности может быть сохранен и плодородие почвы не снижается.
В настоящей работе показано, что при динамичном способе анализа опубликованных цифровых данных с учетом хода поглощения азота во время формирования урожая и запаса азота в почве можно прийти к совсем иным выводам.
Так, например, в течение непрерывного 75-летнего возделывания ржи на делянке NPK постепенно убывает запас гумуса при одновременном уменьшении процента минерализации. В соответствии с этим уменьшается поглощение азота и снижается урожай.
В результате внесения навоза, напротив, первоначальное содержание гумуса сохраняется на одном и том же уровне и тем самым обеспечивается простое воспроизводство. Соответственно этому поглощение азота и урожай остаются приблизительно без изменения.

Из этих данных можно сделать вывод, что исключительное внесение минеральных удобрений не может обеспечить сохранения плодородия почв.

Summary

Longstanding mean values were preferably applied to almost all the recent interpretations of the permanent field experiment "eternal rye cultivation at" Halle/S., while the nitrogen quantities from precipitations used for the nitrogen balances were obviously too high, with the nitrogen quantities released from soil humus being neglected. Furthermore, the basic value taken for the C content of the soil was too low (1.24 per cent C). This approach together with priority of statical interpretation of results gave rise to the conclusion that pure mineral fertilization might keep constant the level of yield and prevent any decline in soil fertility.

This paper shows that quite different conclusions may be drawn from the interpretation of the published numerical material which is based on dynamic observation with due consideration of the development of nitrogen adsorption in yield formation and of the nitrogen stock in the soil.

Humus stock together with the mineralization rate was found to gradually decline in the nitrogen-phosphorus-potassium plot which was continuously used for rye cultivation for 75 years. This is accompanied by reduced nitrogen adsorption and plant yields.

The humus stock available at the beginning of the test is, however, maintained on the same level by farmyard manuring, so that simple reproduction is secured. Accordingly, nitrogen adsorption and plant yields remain almost unchanged.

These findings permit the conclusion that soil fertility cannot be maintained by pure mineral fertilization only.

Literatur

KÖHNLEIN, J.: Über die Beeinflußbarkeit des Fruchtbarkeitsfaktors Humus auf landwirtschaftlich genutzten Böden. In: Vortr. 18. Hochschultag. Landwirtsch. Fak. Univ. Bonn am 6. und 7. Oktober 1964 in Bonn. Hiltrup bei Münster (Westf.), Landwirtsch.-Verl. GmbH., 1964, S. 47–68

KÜHN, J.: Das Versuchsfeld des landwirtschaftlichen Intituts der Univesität Halle a. S. Ber. physiol. Labor. u. Versuchsanst. d. landwirtsch. Inst. Univ. Halle 3 (1901), H. 15, S. 169 bis 189.

KULLMANN, A.: Über den Einfluß einiger Düngungsvarianten des Feldversuches „Ewiger Roggenbau“ (Halle/S.) auf die Bodenstruktur. Thaer-Arch. 6 (1962), S. 734–741

MERKER, J.: Untersuchungen an den Ernten und den Böden des Versuches „Ewiger Roggenbau“ in Halle (Saale). Kühn-Arch. 70 (1956), S. 153–215.

MILLAR, C. E.: Soil Fertility. New York, John Wiley & Sons, Inc. London, Chapman & Hall, Ltd., 1955

PFEIFFER, TH.: Stickstoffsammelnde Bakterien, Brache und Raubbau. 2. Aufl., Berlin, Verl. Parey, 1912

PRJANISCHNIKOW, D. N.: Der Stickstoff im Leben der Pflanzen und im Ackerbau der UdSSR. Berlin, Akad.-Verl., 1952

RAUHE, K.: Die komplexe Wirkung organischer Düngemittel auf Boden und Pflanze. In: Über Fragen der organischen und mineralischen Düngung auf Sandböden. Tag.-Ber. Dt. Akad. Landwirtsch.-Wiss. Berlin Nr. 44, 1962, S. 143–164

RAUHE, K.: Möglichkeiten des Humusersatzes durch Düngung und Pflanze. Sitz-Ber. Dt. Akad. Landwirtsch.-Wiss. Berlin 13 (1964), H. 6

RAUHE, K.; KOEPKE, V.: Die Bedeutung der organischen Düngung im Stickstoffkreislauf des Ackerbodens. Thaer-Arch. 6 (1962), S. 177—193

RAUHE, K.; LEHNE, I.: Der Einfluß organischer Düngemittel auf die im Erntegut enthaltenen Pflanzennährstoffe. Thaer-Arch. 5 (1961), S. 485—498

RAUHE, K.; LEHNE, I.: Die Bedeutung der organischen Düngung für die Bodenfruchtbarkeit. Thaer-Arch. 8 (1964), S. 393—405

RAUHE, K.; LEHNE, I.: Betrachtungen zu den Ergebnissen des Dauerdüngungsversuches „Ewiger Roggenbau" in Halle im Hinblick auf die Erhaltung der Bodenfruchtbarkeit. 1. Mitteilung: Die Ertragsentwicklung, Thaer-Archiv 10 (1966), S. 3—18

ROEMER, TH.; IHLE, W.: Die Einfelderwirtschaft auf dem Versuchsfelde des Institutes für Pflanzenbau und Pflanzenzüchtung der Universität Halle. 2. Bericht. Kühn-Arch. 9 (1925), S. 13—52

RÜBENSAM, E.; RAUHE, K.: Ackerbau. Berlin, VEB Dt. Landwirtsch.-Verl., 1964

SCHEFFER, F.: Chemische und biologische Untersuchungen über den Nährstoffgehalt der Böden des „Ewigen Roggenbaues" in Halle a. d. S. Arch. Pflanzenbau 7 (1931), S. 169 bis 238

SCHEFFER, F.: Über das Problem der Bodenfruchtbarkeit. Arch. Pflanzenbau 8 (1932), S. 127 bis 186

SCHMALFUSS, K.: Siebzig Jahre „Ewiger Roggenbau". Kühn-Arch. 63 (1950), S. 1—14

SCHMALFUSS, K.; KOLBE, G.: Der „Ewige Roggenbau" in Halle nach 80 Jahren. Wiss. Z. Martin-Luther-Univ. Halle-Wittenberg, Math.-Naturwiss. R. 10 (1961), S. 425—430

SCHMALFUSS, K.; KOLBE, G.: Der Dünger Stallmist. Thaer-Arch. 7 (1963), S. 199—213

SCHNEIDEWIND, W.: Die Ernährung der landwirtschaftlichen Kulturpflanzen. 6. Aufl., Berlin, Verl. Parey, 1928

TJURIN, I. V.: Der Bodenbildungsprozeß, die Bodenfruchtbarkeit und das Stickstoffproblem in der Bodenkunde und im Ackerbau (russ.). Počvovedenie Nr. 3 (1956), S. 1—17

Anschrift der Verfasser
Prof. Dr. KURT RAUHE und Dr. INGEBURG LEHNE
Institut für Acker- und Pflanzenbau
der Karl-Marx-Universität Leipzig
705 Leipzig, Johannisallee 19

Aus dem Institut für Pflanzenernährung und Bodenkunde
der Martin-Luther-Universität Halle-Wittenberg

Karl Schmalfuss und Gerhard Kolbe

Einige Bemerkungen zu den Ergebnissen des „Ewigen Roggenbaues“ in Halle

Eingegangen: 21. 8. 1965

In jüngster Zeit erfahren die Ergebnisse des bekannten halleschen Monokultur- und Dauerdüngungsversuches „Ewiger Roggenbau“, besonders was die Humus- und Stickstoffbilanzen anbetrifft, eine Auslegung, die unseren Anschauungen entgegensteht und die uns, als derzeitige Betreuer dieses Versuches, zu einigen Bemerkungen Anlaß gibt.

In einem Artikel über die Bedeutung der organischen Düngung im Stickstoffkreislauf des Ackerbodens weisen Rauhe und Koepke (1962) anhand von Berechnungen nach, daß der Stickstoffgehalt des Bodens im „Ewigen Roggenbau“ nach 75jähriger Versuchsdauer unter dem Einfluß der unterschiedlich verabreichten Düngung charakteristische Veränderungen zeigt (Tab. 1).

Tabelle 1
„Ewiger Roggenbau“ Halle
(nach Rauhe und Koepke)

		Düngungsvarianten		
		ohne	NPK	Stallmist
N im Boden 1879	%	0,136*	0,136	0,136
	kg/ha	4080	4080	4080
N im Boden 1953	%	0,085**	0,094**	0,132**
	kg/ha	2550	2820	3960
N-Verlust in kg/ha	insgesamt	1530	1260	120
	pro Jahr	20,4	16,8	1,6

* nach Scheffer (1931) und Roemer und Ihle (1925)
** nach Merker (1956)

Die Autoren schreiben dazu, daß diese Zahlen eindeutig zeigen, daß der Bodenvorrat an N durch eine ausschließliche Mineraldüngung sehr stark angegriffen wird und nur die Stallmistdüngung in der Lage ist, den Vorrat an Bodenstickstoff etwa auf dem gleichen Stand zu halten.

Diese Aussage trifft gleichermaßen auch für den Humusgehalt des Bodens zu, wenn man davon ausgeht, daß das C:N-Verhältnis relativ konstant ist und sich unter dem Einfluß der jeweiligen Düngungsmaßnahmen nur unwesentlich ändert.

In dem Lehrbuch des Ackerbaues von Rübensam und Rauhe (1964) ist deshalb über diesen Versuch neben der ausführlichen Abhandlung der zuvor erwähnten Veränderungen im N-Gehalt des Bodens auch nachzulesen, daß die Varianten „Ungedüngt“ und „NPK“ einen beträchtlichen Rückgang im C-Gehalt zeigen, der nur auf der mit Stallmist gedüngten Parzelle verhindert werden konnte.

In keiner dieser Veröffentlichungen kommt zum Ausdruck, daß unsererseits andere Vorstellungen über die Veränderungen im C- und N-Gehalt bestehen, die in mehreren Berichten niedergelegt sind (SCHMALFUSS, 1950; SCHMALFUSS u. KOLBE, 1961, 1963). Wir vertreten auf Grund der vorhandenen Versuchsergebnisse die Auffassung, daß die Stallmist-Parzelle durch die jährlich verabreichte Stallmistdüngung (120 dt/ha) einen beträchtlichen Zuwachs an Humus und Stickstoff erfahren hat und deshalb heute, im Gegensatz zu den Auslegungen der genannten Autoren, höhere C- und N-Werte im Boden als zu Versuchsbeginn erkennen läßt. Auf der NPK-Parzelle führte die ausschließliche Mineraldüngung nach unserer Ansicht zu keiner Verringerung des Stickstoff- bzw. Humusgehaltes des Bodens, diese Parzelle läßt vielmehr eine gewisse Konstanz in den genannten Merkmalen erkennen. Lediglich die Variante „Ungedüngt“ zeigt einen Rückgang im Humus- und Stickstoffgehalt, der jedoch nicht die von RAUHE und KOEPKE errechnete Höhe erreicht.

In den letzten Veröffentlichungen von RAUHE und LEHNE (1966a, b)[1] zu diesem Problem werden die Ergebnisse des „Ewigen Roggenbaues“ einer ausführlichen Betrachtung unterzogen, wobei sich die Autoren auch mit den von uns bzw. von MERKER (1956) geäußerten Ansichten auseinandersetzen. Das Fazit ihrer Betrachtungen, speziell zu den Veränderungen im C- und N-Gehalt, deckt sich dabei mit den eingangs aufgeführten Formulierungen. Die von uns bezüglich des Stickstoffs vertretenen Auffassungen werden von den Autoren summarisch als „unhaltbare Befunde“ (RAUHE u. LEHNE, 1966b, S. 19) bezeichnet, die sich aus der Übernahme des von KÜHN (1901) ermittelten anfänglichen C-Gehaltes des Bodens von 1,24% ergeben.

Nach der Sicherheit, mit der die Autoren ihre Behauptungen und Schlußfolgerungen vertreten, sollte man annehmen, daß sie über Unterlagen verfügen, die jede andere Versuchsauslegung von vornherein ausschließen. Wir sind jedoch von der Eindeutigkeit ihrer Auslegungen nicht überzeugt, so daß für eine Revision unserer Ansichten kein Anlaß besteht. In den folgenden Abschnitten sei darauf etwas näher eingegangen.

Die Meinungsverschiedenheiten hinsichtlich der Veränderungen im C- und N-Gehalt des Versuchsbodens liegen darin begründet, daß unsererseits der zu Versuchsbeginn von KÜHN (1901) ermittelte C-Gehalt als Ausgangspunkt aller Berechnungen gewählt, von RAUHE und Mitarbeitern dagegen der anfängliche N-Gehalt des Versuchsbodens verwandt wird. Den von uns benutzten C-Gehalt lehnen RAUHE und LEHNE (1966b) als offenbar unreal ab, da es damals, also zu Versuchsbeginn, noch keine ausreichend brauchbaren Bestimmungsmethoden gab. Wir messen dagegen dem von RAUHE und Mitarbeitern verwandten anfänglichen N-Gehalt wenig

[1] Den Verfassern sind wir für die Gewährung der Einsichtnahme in ihre noch nicht veröffentlichten Manuskripte dankbar

Aussagekraft zu, da es sich bei diesem nur um einen kalkulierten, analytisch nicht gestützten Wert handelt.

Es ist bedauerlich, daß bei der Anlage dieses bekannten Versuches keine N-Bestimmungen im Versuchsboden durchgeführt wurden, denn dadurch würden sich heute viele Diskussionen von vornherein erübrigen. ROEMER und IHLE versuchten in ihrem 1925 erschienenen Bericht diesen Nachteil durch Kalkulation eines möglichen N-Anfangsgehaltes zu umgehen, um eine Basis für N-Bilanzierungen zu finden. Auf Grund von Berechnungen über die N-Entzugswerte der Ernten und dem im Boden der ungedüngten Parzelle nach 43jähriger Versuchsdauer noch vorhandenen N-Vorrat (80 mg = 2400 kg N/ha) schlossen die Autoren damals auf einen anfänglichen N-Gehalt von 0,136% auf der gesamten Versuchsfläche. Dieser Wert wird von RAUHE und Mitarbeitern als Bezugsbasis für ihre N-Bilanzen und Aussagen zur Humusdynamik übernommen.

Die Kalkulation des anfänglichen N-Gehaltes durch ROEMER und IHLE setzt voraus, daß alle sonstigen N-Einnahmen (z. B. durch Niederschläge) und N-Ausgaben (z. B. Sickerverluste) sich die Waage halten und die durch die Ernten auf der ungedüngten Parzelle entzogenen N-Mengen (1680 kg) allein dem Bodenvorrat an Stickstoff entstammen. Hinzuzufügen wäre noch, daß sich der N-Entzug der Ernten im Berichtszeitraum (43 Jahre) auf Durchschnittswerte stützt, die in 14 Versuchsjahren ermittelt wurden.

ROEMER und IHLE waren sich der nur bedingten Aussagekraft ihrer Berechnungen bewußt und schreiben deshalb auch dazu, „daß mangels Belegzahlen über die Größe des Zuflusses an N durch Atmosphärilien — N-Bindung usw., sowie der Stickstoffverluste — der Versuch, den anfänglichen N-Gehalt auf der U-Parzelle zu berechnen, wünschenswerten Ansprüchen auf Zuverlässigkeit nicht genügt. Der Versuch soll auf Grund der Differenzierung des N-Gehaltes der 43 Jahre verschieden behandelter Teilstücke sowie unter Verwendung sicher gestellter Zahlen über den N-Entzug der Ernten lediglich der Orientierung dienen, da das vorhandene Versuchsmaterial keinen beweiskräftigen Schluß gestattet" (ROEMER u. IHLE, 1925, S. 29). Die Bilanzierung des Bodenstickstoffs über Anfangs- und Endwerte, die in Tabelle 1 wiedergegeben wurde und die auf diesem kalkulierten Anfangswert von 136 mg N beruht, ist infolgedessen sehr anfechtbar. Eine solche Bilanzierung kann deshalb auch nicht als eindeutiger Beweis (siehe S. 1) für bestimmte Aussagen angeführt werden, sondern höchstens als Annahme, da Eindeutigkeit exakte Unterlagen in der Beweisführung voraussetzt!

Bemerkenswert ist ferner, daß von RAUHE und Mitarbeitern (RAUHE u. KOEPKE, 1962; RAUHE u. LEHNE, 1966b) die Zwischenwerte der N-Bestimmungen aus den Jahren 1922 und 1929 überhaupt nicht berücksichtigt werden, denn sie schreiben (RAUHE u. LEHNE, 1966b, S. 28) „. . . die Abnahme des Bodenstickstoffes, für deren Feststellung nur zwei Werte vorhanden sind (Versuchsbeginn und nach 75 Jahren) . . .". Gerade diese Werte erscheinen uns aber aus heutiger Sicht von besonderer Bedeutung, weil sie auf die Fragwürdigkeit des Wertes von 0,136% N hinweisen. Würde man den kalkulierten Wert als richtig ansehen, dann ergäben sich für den Versuchszeitraum 1879—1922 (Tab. 2) größere N-Verluste des Bodens als für die Jahre 1879—1953 (Tab. 1). Besonders deutlich zeigt sich das auf der Stallmist-Parzelle, die 1922 mit 600 kg N-Verlust den für 1953 errechneten Wert (Tab. 1) um das Fünffache übertrifft. In den ersten vier Jahrzehnten war demnach auch die Stallmistdüngung nicht in der Lage, den Bodenvorrat an N auf dem urpsrünglichen, kalkulierten Stand zu halten. RAUHE wäre zu diesem Zeitpunkt wahrscheinlich zu anderen Aussagen bezüglich der Stallmistwirkung gekommen als nach 75 Jahren.

Wir halten es für unwahrscheinlich, daß sich der N-Gehalt des Bodens bei gleicher Düngung und Bewirtschaftung zunächst verringert und dann wieder ansteigt. Ein solcher Trend ließe sich auch nicht allein aus dem 1922 auf diesem Versuch erfolgten Saatgut- und Sortenwechsel erklären.

Tabelle 2
„Ewiger Roggenbau" Halle

		Düngungsvarianten		
		ohne	NPK	Stallmist
N im Boden 1879*	%	0,136	0,136	0,136
	kg/ha	4080	4080	4080
N im Boden 1922**	%	**0,080** (0,071)	**0,086** (0,080)	**0,116** (0,109)
	kg/ha	2400	2580	3480
N-Verlust in kg/ha	insgesamt	1680	1500	600
	pro Jahr	39	35	14

* kalkulierter N-Anfangswert nach ROEMER und IHLE (1925)
** analytisch bestimmte N-Gehalte nach ROEMER und IHLE (1925), in Klammern N-Gehalte 1929 nach SCHEFFER (1931)

Die von uns vertretenen Anschauungen zur N-Bilanz dieses Versuches basieren demgegenüber auf einem wesentlich niedrigeren N-Anfangsgehalt des Versuchsbodens (0,095%). Der von uns ebenfalls nur angenommene N-Anfangsgehalt errechnet sich aus dem von KÜHN (1901) zu Versuchsbeginn ermittelten C-Gehalt des Bodens (1,24%) über ein durchschnittliches C:N-Verhältnis von 13:1.

RAUHE und LEHNE (1966b) lehnen diesen N-Gehalt ab, da sie, wie oben schon erwähnt, den für die Berechnung notwendigen C-Gehalt als unreal ansehen. Gewiß kennen wir die angewandte Methode nicht, nach der KÜHN diesen Wert bestimmte, man geht aber sicher nicht fehl, wenn man annimmt, daß das auf dem Wege der Elementaranalyse erfolgte. Die so erhaltenen C-Werte weichen auch heute bei unserem Boden nur relativ wenig von denen ab, die wir durch Oxydation mit Chromschwefelsäure und anschließender CO_2-Bestimmung erhalten.

Es wäre müßig, sich darüber zu streiten, ob der anfängliche C-Gehalt nun tatsächlich bei 1,24% gelegen hat oder etwas darüber, sagen wir bei 1,35% C. Das ändert an der Gesamtaussage des Versuches nur wenig. Er hat aber aller Wahrscheinlichkeit nach nicht bei 1,65% C gelegen, wie RAUHE und Mitarbeiter es anhand ihrer N-Bilanzen andeuten, denn Differenzen von 450 mg C zwischen den einzelnen Bestimmungsmethoden halten wir für ausgeschlossen.

Für einen niedrigeren N-Gehalt des Versuchsbodens bei Versuchsbeginn als der kalkulierte spricht auch die Überlegung, daß sich der von ROEMER und IHLE errechnete Entzug der ungedüngten Parzelle nicht nur ausschließlich auf die bei der Probenahme erfaßte obere Bodenschicht (0—20 cm) zu beschränken braucht. Würde nur $^1/_3$ der entzogenen N-Menge der Bodenschicht von 20—30 cm entstammen, so würde sich für die Ackerkrume ein anfänglicher N-Gehalt von ca. 0,115% errechnen, wohlgemerkt ohne Berücksichtigung der durch die Niederschläge zugeführten N-Mengen. Veranschlagt man dazu noch rund 10 kg/ha, die während der ersten Versuchsjahrzehnte jährlich den Pflanzen aus Niederschlägen zur Verfügung gestanden haben könnten, so ergäbe sich rechnerisch ein N-Anfangsgehalt von 0,105%. Ein solcher Wert läßt bei einem angenommenen C:N-Verhältnis von 13:1 auch den von KÜHN ermittelten C-Gehalt keineswegs besonders fragwürdig erscheinen.

Auch aus anderen Gründen neigen wir dazu, den von uns angenommenen N-Gehalt als richtig anzusehen. Auf allen Versuchsschlägen unseres Versuchsfeldes, die durchweg eine bessere Bodenqualität (sL) als der „Ewige Roggenbau“ (lS) besitzen, gibt es, bis auf Ausnahmen, keine Parzellen, die einen N-Gehalt um 0,136% aufweisen. In der Regel finden wir zwischen 0,115% und 0,120% N. Die Ausnahme bilden allein die 15 Jahre lang jährlich mit 30 t/ha Stallmist gedüngten Parzellen, die heute N-Gehalte in dieser Größenordnung und darüber erkennen lassen.

Nach unserer Auffassung war und ist es immer ein Vorteil des hier diskutierten Versuches, daß von seinem Begründer JULIUS KÜHN vor mehr als 85 Jahren wenigstens einer der für die Beurteilung des Humushaushaltes von Böden notwendigen Werte, nämlich der C-Gehalt, experimentell festgestellt wurde. Aus den zuvor genannten Gründen hegen wir gegen einen Gebrauch dieses Wertes für Bilanzierungen keine grundsätzlichen Bedenken. Bedenken erheben wir aber, wenn RAUHE und Mitarbeiter ihre Betrachtungen über den Humusumsatz auf N-Bilanzen aufbauen, für die als Bezugsbasis nur ein kalkulierter, experimentell nicht gestützter N-Anfangsgehalt verwandt wird.

Wir sind daher nach wie vor der Meinung, daß die heute im Versuch „Ewiger Roggenbau“ zwischen der Stallmist- und NPK-Parzelle bestehenden Unterschiede im N-Gehalt nicht durch Absinken des Humusgehaltes auf der letzteren entstanden sind, wie es RAUHE und Mitarbeiter dargestellt haben, sonden durch Ansteigen des Humusgehaltes bei jährlicher Stallmistdüngung. Das heißt aber nicht, daß Differenzierungen zwischen mit und ohne Stallmist gedüngten Böden in jedem Falle auf diesem Wege zustande kommen. Stets wird auch die „Vorgeschichte“ des Bodens (z. B. Grünland, Rodung, altes Ackerland) dafür ausschlaggebend sein.

Soviel zur Diskussion über die C- und N-Gehalte im Versuch „Ewiger Roggenbau“. Hinsichtlich der Ertragsergebnisse dieses Versuches, denen RAUHE und LEHNE im ersten Teil ihrer Veröffentlichung besondere Aufmerksamkeit zugewandt haben (1965a), erscheinen uns auch einige Hinweise angebracht.

Zunächst und allgemein sei festgestellt, daß die Autoren mit der regressionsanalytischen Verrechnung der Erträge von 75 Versuchsjahren zu Ergebnissen kommen, die Beachtung verdienen. Es sind das vor allem die größere Schwankungsbreite der Erträge bei mineralischer Düngung gegenüber organischer Düngung und die Unterschiede im Korn:Stroh-Verhältnis zwischen diesen beiden Varianten. Möglicherweise kommt in beiden Erscheinungen ein gewisser Einfluß des unterschiedlichen Humusgehaltes dieser Parzellen zum Ausdruck.

Bedenklich erscheinen uns aber auch hier wieder die Schlußfolgerungen, die RAUHE und LEHNE beim Vergleich der absoluten Erträge ziehen, denn diese Erträge werden ja wesentlich durch die Höhe der gewählten Düngergaben bestimmt. Wenn KÜHN der jährlichen Stallmistgabe (St-Parzelle) mit den darin enthaltenen ca. 65 kg N eine Mineraldüngergabe (NPK-Parzelle) mit 40 kg N gegenübergestellt hat, so hat er dieses Verhältnis sicherlich nicht willkürlich gewählt, sondern Gründe dafür gehabt. Es hätten sich aber — zumindest aus heutiger Sicht — auch Gründe für die Wahl eines anderen Verhältnisses finden lassen, und KÜHN hätte mit ebensoviel Berechtigung 60 kg oder 65 kg N/ha in seiner Mineraldüngergabe ansetzen können Er hätte diese auch noch um einige andere, im Stallmist enthaltene Pflanzennährstoffe erweitern können. Das Ergebnis wäre dann sicherlich ein ganz anderes gewesen!

Vergleichende Betrachtungen zu den Ergebnissen der Stallmist- und NPK-Variante dieses Versuches haben solchen Überlegungen Rechnung zu tragen. Durch die Wahl der Versuchsanstellung sind ihrer Aussagekraft von vornherein Grenzen gesetzt. Der wertvollere Teil der möglichen Versuchsaussagen liegt u. E. mehr auf den Veränderungen, die im Laufe der Zeit auf den einzelnen Parzellen selbst eingetreten sind und darüber hinaus in einem Vergleich der ausschließlich mineralisch gedüngten Parzellen untereinander.

Wir haben mit diesen Bemerkungen unseren Standpunkt zu einigen sehr häufig diskutierten Fragen des „Ewigen Roggenbaues" dargelegt. Dem interessierten Fachkollegen bleibt es überlassen, das Für und Wider bestimmter Meinungen und Schlußfolgerungen anhand des verfügbaren Versuchsmaterials selbst abzuwägen.

Zusammenfassung

Die in verschiedenen Veröffentlichungen der jüngsten Zeit niedergelegten, den Anschauungen der Verfasser widersprechenden Auslegungen bestimmter Ergebnisse des Monokultur- und Dauerdüngungsversuches „Ewiger Roggenbau" werden zum Anlaß einiger Bemerkungen genommen. Insbesondere sind es die Meinungen zur Humus- und Stickstoffbilanz dieses Versuches, die einer kritischen Prüfung unterzogen werden. Auf Grund des vorhandenen Versuchsmaterials messen die Verfasser den aufgestellten Behauptungen und Schlußfolgerungen nur wenig Aussagekraft zu. Für eine Revision ihrer Ansichten besteht kein Anlaß.

Резюме

Высказанные в различных публикациях последнего времени, и не отвечающие взглядам автора, толкования ряда результатов опыта с „вечным возделыванием ржи" (опыт с монокультурой и длительным внесением удобрений) послужили поводом для некоторых замечаний. В частности это касается взглядов на гумусный и азотный баланс этого опыта, которые были подвергнуты критической проверке.

На основании имеющегося материала опытов авторы считают выдвинутые утверждения и выводы лишь мало достоверными и для пересмотра их взглядов нет повода.

Summary

Some remarks on interpretations of certain results obtained from the monoculture and permanent fertilization field experiment "eternal rye cultivation" contained in recent publications are made by the authors who disagree with the above interpretations. Critical checking is applied mainly to opinions on humus and nitrogen balances of the test. The authors do not ascribe much informative value to the above assertions and conclusions, on the basis of test material available. They do not see any reason to revise their own views.

Literatur

KÜHN, J.: Das Versuchsfeld des landw. Institutes d. Universität Halle/S. Ber. physiol. Labor. u. Versuchsanstalt. d landwirtsch. Inst. Univ. Halle 1901, H. 15, S. 169–189

MERKER, J.: Untersuchungen an den Ernten und den Böden des Versuches „Ewiger Roggenbau" in Halle/Saale. Kühn-Arch. 70 (1956), S. 153–215

RAUHE, K.; KOEPKE, V.: Die Bedeutung der organischen Düngung im Stickstoffkreislauf des Ackerbodens. Thaer-Arch. 6 (1962), S. 177–193

RAUHE, K.; LEHNE, I.: Betrachtungen zu den Ergebnissen des Dauerdüngungsversuches „Ewiger Roggenbau" in Halle im Hinblick auf die Erhaltung der Bodenfruchtbarkeit. 1. Mitteilung: Die Ertragsentwicklung. Thaer-Arch. 10 (1966a), S. 3–18

RAUHE, K.; LEHNE, I.: Betrachtungen zu den Ergebnissen des Dauerdüngungsversuches „Ewiger Roggenbau" in Halle im Hinblick auf die Erhaltung der Bodenfruchtbarkeit. 2. Mitteilung: Die Stickstoffentzüge und der Stickstoff im Boden. Thaer-Arch. 10 (1966b), S. 19–33.

ROEMER, TH.; IHLE, H.: Die Einfelderwirtschaft auf dem Versuchsfeld des Institutes für Pflanzenbau und Pflanzenzüchtung der Universität Halle. Kühn-Arch. 9 (1925), S. 13 bis 52

RÜBENSAM, E.; RAUHE, K.: Ackerbau. Berlin, VEB Dt. Landwirtsch.-Verl., 1964

SCHEFFER, F.: Chemische und biologische Untersuchungen über den Nährstoffgehalt der Böden des „Ewigen Roggenbaues" in Halle a. d. S. Arch. Pflanzenbau 7 (1931), S. 169 bis 238

SCHMALFUSS, K.: Siebzig Jahre „Ewiger Roggenbau". Kühn-Arch. 63 (1950), S. 1–14

SCHMALFUSS, K.; KOLBE, G.: Der „Ewige Roggenbau" in Halle nach 80 Jahren. Wiss. Z. Martin-Luther-Univ. Halle-Wittenberg, Math.-Naturwiss. R. 10 (1961), S. 425–430

SCHMALFUSS, K.; KOLBE, G.: Der Dünger Stallmist. Thaer-Arch. 7 (1963), S. 199–213

Anschrift der Verfasser
Prof. Dr. Dr. h. c. KARL SCHMALFUSS und Dr. GERHARD KOLBE
Institut für Pflanzenernährung und Bodenkunde
der Martin-Luther-Universität Halle – Wittenberg
402 Halle, Adam Kuckhoff-Straße 17b

Aus dem Institut für Acker- und Pflanzenbau Müncheberg
der Deutschen Akademie der Landwirtschaftswissenschaften zu Berlin

PAUL MÜLLER und WOLFGANG REIHER

Auswertung langjähriger Ertragsfeststellungen

(dargestellt am Versuch „Ewiger Roggenbau" in Halle)[1]

Eingegangen: 16. 7. 1965

1. Einleitung und Problemstellung

Bei der Auswertung langjähriger Fruchtfolgeversuche tritt die Prüfung unmittelbarer Folgewirkungen hinter die Frage zurück, ob die Versuchsanordnung zu nachhaltigen Veränderungen des Bodens geführt hat, die sich ertraglich bemerkbar machen. Solche Einflüsse sind beispielsweise zu erwarten, wenn bei den zu prüfenden Rotationen der Anteil des Futter- oder des Hackfruchtbaues stark abgestuft ist oder überhaupt die Auswirkung der Alternative mit bzw. ohne Futterbau u. dgl. untersucht werden soll. Auch die Inanspruchnahme der Nährstoffvorräte des Bodens durch intensive Fruchtfolgen bei ungenügendem Ersatz des Entzogenen wirkt sich dahingehend aus. Dieselbe Problematik liegt statischen Düngungsversuchen mit Nährstoffmangelreihen zugrunde, ganz gleich ob sie mit Monokulturen bebaut sind oder Fruchtfolgen tragen.
Da ein hinreichend korrekter Ausdruck zur einheitlichen Bewertung qualitativ unterschiedlicher Ernteprodukte fehlt und auch nicht zu erwarten ist, daß es gelingt, den Einfluß des arteigenen Ertragspotentials bei wechselnder Anbaubeteiligung mehrerer Fruchtarten vom Gesamtertrag einer Fruchtfolge zu eliminieren, kann die gestellte Frage nicht durch den Vergleich der Rotationsleistungen beantwortet werden. Solche Vergleiche begünstigen in der Regel die Fruchtfolgen mit dem größten Anteil ertragreicher Intensivkulturen und benachteiligen jene mit Feldfutterbau. Dadurch wird beispielsweise das Absinken des Humusspiegels ertraglich nicht gleich offenbar, wenn man den Hackfruchtbau zu Lasten des Feldfutterbaues stark ausdehnt.
In Erkenntnis dieser Zusammenhänge wurde bei der Neuanlage von Fruchtfolgeversuchen häufig eine vergleichbare Hauptfrucht in die Rotationen aufgenommen. Sie steht in den zu prüfenden Folgen auf dem gleichen Feld, zweckmäßigerweise am Ende der Rotation, und weist dieselbe Vorfrucht, wenn möglich auch dieselbe Vorvorfrucht auf. Als weitere Voraussetzung gilt, daß der Düngeraufwand zur Vorfrucht und auch zur vergleichbaren Hauptfrucht in allen Folgen einheitlich ist. Schließlich soll die vergleichbare Hauptfrucht für den Standort typisch sein und zu erwartende Unterschiede gut anzeigen.
Unter diesen Voraussetzungen sind die an der vergleichbaren Hauptfrucht festgestellten Ertragsdifferenzen als Ausdruck der Rotationswirkungen auf den Frucht-

[1] Herrn Prof. Dr. Dr. h. c. K. SCHMALFUSS, Halle (Saale), sind wir für die freundliche Überlassung aller vom oben genannten Versuch bis 1958 vorliegenden Ertragswerte zu Dank verbunden.

barkeitszustand des Bodens anzusehen. Verständlicherweise werden solche Einflüsse erst in längeren Zeitabschnitten meßbar. Dadurch geht die Jahreswitterung in die Ergebnisse ein und verursacht eine bedeutende Streuung.

Dieselbe Erscheinung ist auch von statischen Düngungsversuchen, z. B. dem „Ewigen Roggenbau“, bekannt. In diesem Versuch sind besonders der Ertragsverlauf und die Bodeneigenschaften der Stallmist- und der NPK-Parzelle erneut Gegenstand der Polemik (RAUHE und KOEPKE, 1962; SCHMALFUSS und KOLBE, 1963; SCHMALFUSS, 1965).

Deswegen erschien es uns zweckmäßig, eine für die Auswertung langfristiger Monokulturen, vergleichbarer Hauptfrüchte aus Fruchtfolgen u. ä. Versuche vorzuschlagende Methode an den Ergebnissen des „Ewigen Roggenbaues“ darzustellen, zumal uns ein so umfangreiches und im Hinblick auf die Fragestellung klar abgegrenztes Material aus Fruchtfolgen nicht annähernd zur Verfügung steht. Gleichzeitig möchten wir einen Beitrag zur Lösung der diesen Versuch betreffenden Fragen leisten.

Der „Ewige Roggenbau“ wurde bekanntlich 1878 von Julius KÜHN als Düngungsversuch angelegt und sollte vor allem als solcher betrachtet werden. Darüber hinaus ist natürlich die Beurteilung der Roggenmonokultur von Interesse. Bis zur Einbringung der 80. Ernte ist der Versuch stets gemäß den ursprünglichen Plänen weitergeführt worden.

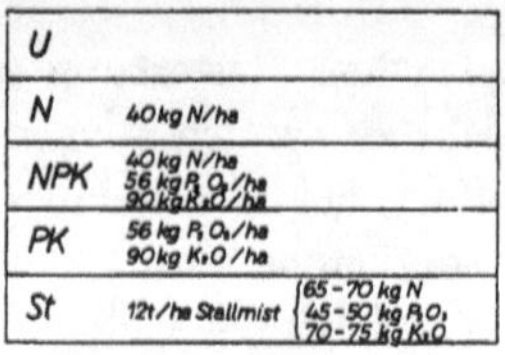

Abb. 1: Anordnung des Versuches „Ewiger Roggenbau“ in Halle

„Er umfaßt fünf Parzellen von je 1000 m² Fläche, deren Düngung aus Abbildung 1 zu ersehen ist. Die Düngung wird mit Ausnahme des Stickstoffs in voller Höhe vor der Bestellung des Winterroggens (es handelt sich dabei um die Sorte „Petkuser“) im Herbst eines jeden Jahres verabreicht; die Stickstoffdüngung erfolgt zu je 15 kg/ha im Herbst, der Rest wird als Kopfdünger im Frühjahr gestreut.

Bezüglich der natürlichen Standortverhältnisse ist zu sagen, daß es sich bei dem Boden um einen diluvialen, schwach humosen, lehmigen Sandboden handelt, der bodentypmäßig zu den schwarzerdeähnlichen Böden gerechnet werden kann. Die mittlere Niederschlagsmenge liegt bei etwa 500 mm im Jahr bei einem Temperaturmittel von etwas über 9 °C“ (SCHMALFUSS und KOLBE, 1961).

Zusammenfassende Berichte über diesen Versuch liegen von KÜHN (1901), ROEMER und IHLE (1925), SCHMALFUSS (1950 und 1957), MERKER (1955) sowie SCHMALFUSS und KOLBE (1961) vor. Teilfragen haben FISCHER (1893), WEINAUG (1921), BÖHME (1930), SCHEFFER (1931a/1931b), MONTOULIAK (1958) und KULLMANN (1962) behandelt. Wir befassen uns im folgenden mit der Darstellung des von der Jahresstreuung bereinigten Ertragsverlaufes über acht Jahrzehnte.

2. Statistische Methode

Betrachtet man die Reihen der Ertragsdaten von den fünf Untersuchungsparzellen über die Jahre 1879 bis 1958, so erkennt man an ihnen neben den mehr oder minder großen Schwankungen eine Tendenz zum Rückgang, zur Konstanz oder auch zum Anstieg, die sich mit Ausdauer über mehrere Jahre hinzieht (Abb. 2, 3, 4). Solche Zeitertragskurven unterscheiden sich durch ihre heftigen Schwankungen von vielen anderen empirischen Kurven und lassen es daher als aussichtslos erscheinen, ihren Ablauf durch einen mathematischen Ausdruck mit wenigen Parametern ausreichend darzustellen. Deswegen beschränken wir uns darauf, an Stelle des wirklichen Verlaufes der Ertragskurven in allen Einzelheiten, nur den Hauptverlauf, den Trend, zu unseren Aussagen heranzuziehen. Um den großen allgemeinen Zug der Ertragskurven mathematisch ohne besondere Berücksichtigung der unregelmäßigen Schwankungen zu erfassen, wählen wir ganze rationale Funktionen, da sich mit diesen der Trend einfach, aber dennoch aussagekräftig darstellen läßt. Dazu kommt der Vorteil, daß die Anzahl der Parameter beliebig erweitert werden kann, wenn es die Biegsamkeit der Kurve verlangt. Allgemein läßt sich die Trendgleichung schreiben:

$$Y(t) = b_0 + b_1 t + b_2 t^2 + b_3 t^3 + \cdots + b_p t^p. \tag{1}$$

Die Parameter dieses Ansatzes, b_j mit $j = 0, 1, 2, \cdots, p$, werden nach der Methode der kleinsten Quadrate

$$\sum_t [y(t) - Y(t)]^2 \rightarrow \text{Minimum} \tag{2}$$

bestimmt, wobei $y(t)$ die jährlich ermittelten Erträge, $Y(t)$ die jährlichen Trendwerte und $t = 1, 2, \ldots, 80$ die Versuchsjahre bedeuten. Allerdings muß man beim Ansatz von Gl (1) den Grad dieses Polynoms festlegen, etwa nach Augenmaß an Hand der graphischen Darstellung empirischer Ertragsreihen. Stellt sich nach Berechnung der Parameter heraus, daß die angesetzte Funktion den Trend der Ertragskurve nur schlecht wiedergibt, muß die Berechnung mit einem neuen p wiederholt werden. Dieser Nachteil läßt sich vermeiden, wenn man das Verfahren der Orthogonalpolynome zur Berechnung des Trends wählt. Sein Vorteil besteht darin, daß jeder in der Trendgleichung auftretende Parameter vom Grad des Polynoms unabhängig ist, d. h., die Parameter der Trendfunktion ändern sich nicht, wenn ein Glied höheren Grades angehängt oder das Glied höchsten Grades weggelassen wird.

Für die Ermittlung des Hauptverlaufs bei den Untersuchungsparzellen des „Ewigen Roggenbaues" haben wir stets ein Polynom 3. Grades angesetzt, nämlich

$$Y(t) = b_0 + b_1 t + b_2 t^2 + b_3 t^3. \tag{3}$$

Bei Verwendung des Verfahrens der orthogonalen ganzen rationalen Funktion tritt an Stelle von Gl (3) der Ansatz

$$Y(t) = Y(x_t) = A_0 X_0(x_t) + A_1 X_1(x_t) + A_2 X_2(x_t) + A_3 X_3(x_t). \tag{4}$$

Darin sind die A_j (j = 0, 1, 2, 3) Konstante und die $X_j(x_t)$ Orthogonalfunktionen der Merkmalspunkte x_t, die für unsere Untersuchungen über $n = 80$ Jahre nach der Transformation

$$x_t = 2t - (n + 1) \tag{5}$$

an Stelle der Zeitwerte t treten.
Die A_j wurden nach dem Rechenverfahren von LORENZ-TSCHETWERIKOFF unter Benutzung der von LORENZ (1931) dazu angegebenen Tabellen ermittelt. Nachdem die Trendgleichungen berechnet waren, wurden die Glieder der ermittelten Funktionen auf ihre Wichtigkeit für die Darstellung des Hauptverlaufes der Ertragskurven mit einer Irrtumswahrscheinlichkeit von $\alpha = 5\%$ getestet. Wir wählten die Trendgleichung stets so, daß nur für $\alpha \leqq 5\%$ signifikante Glieder die Funktion bilden.

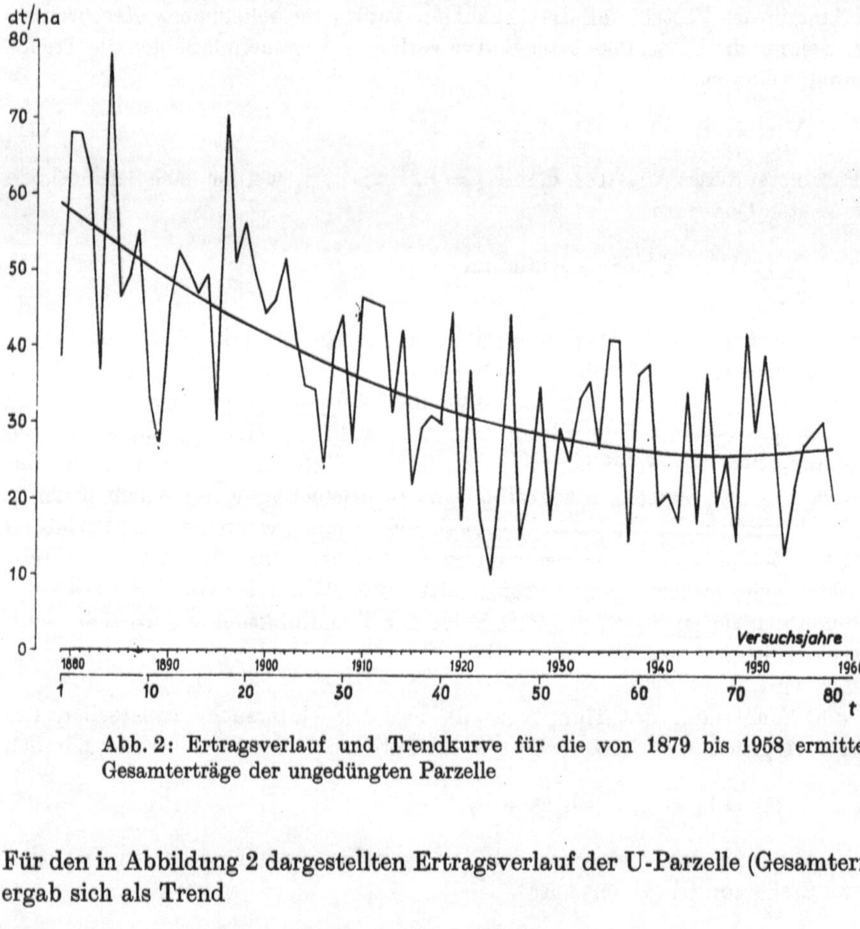

Abb. 2: Ertragsverlauf und Trendkurve für die von 1879 bis 1958 ermittelten Gesamterträge der ungedüngten Parzelle

Für den in Abbildung 2 dargestellten Ertragsverlauf der U-Parzelle (Gesamternte) ergab sich als Trend

$$Y(x_t) = 35{,}72 - 9{,}31\,X_1(x_t) + 3{,}33\,X_2(x_t)\,. \tag{6}$$

Um auf die Form der Gl (1) zu kommen, wurden die Orthogonalpolynome berechnet

$$X_1(x_t) = 2{,}1652 \cdot 10^{-2} x_t$$
$$X_2(x_t) = 5{,}2428 \cdot 10^{-4} x_t^2 - 1{,}1183 \qquad (7)$$

und unter Berücksichtigung von Gl (5) in Gl (6) eingesetzt. Der so ermittelte Trend

$$Y(t) = 59{,}54 - 0{,}97t + 0{,}70 \cdot 10^{-2} t^2 \qquad (8)$$

ist in Abbildung 2 eingezeichnet. Man wird zugeben, daß er den Hauptverlauf der Ertragskurve gut zum Ausdruck bringt. In den ersten 60 Versuchsjahren ist für diese Untersuchungsparzelle ein Ertragsabfall charakteristisch, während der Ertrag in den letzten 20 Jahren beinahe konstant bei 26 dt/ha liegt.

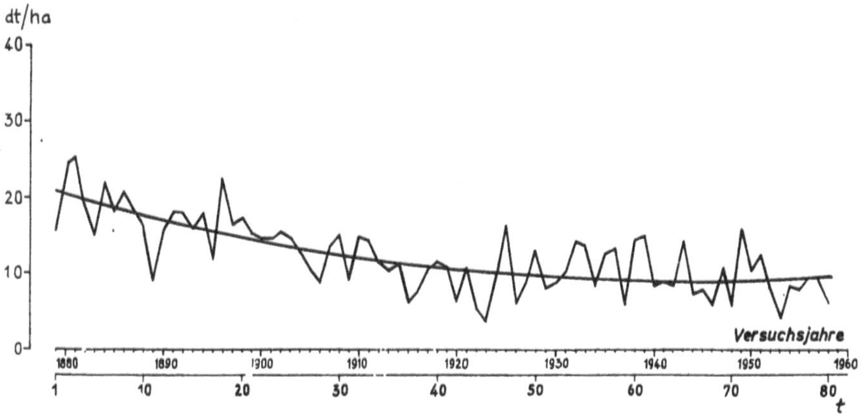

Abb. 3: Ertragsverlauf und Trendkurve für die von 1879 bis 1958 ermittelten Kornerträge der ungedüngten Parzelle

In den Abbildungen 3 und 4 sind die Ertragsverläufe für die Korn- und Stroh-/Spreuerträge der gleichen Untersuchungsparzelle über 80 Jahre aufgetragen. Auch hier läßt sich der Hauptverlauf durch ein Polynom 2. Grades beschreiben. Der Trend für den Kornertrag über die 80 Jahre zeigt, daß ein geringerer Abfall im Ertragsniveau vorliegt, als es für den Stroh-/Spreuertrag zutrifft. Außerdem zeichnen sich die jährlichen Erträge durch geringere Schwankungen um den Trend aus. Bereits ab dem 50. Jahr tritt eine Stabilisierung des Ertragsniveaus ein. Beim Ertragsverlauf für Stroh/Spreu ist der Abfall über die ersten 60 Jahre festzustellen, während im Schnitt der letzten 20 Jahre konstante Erträge um 17 dt/ha ermittelt wurden.

Den Trend haben wir nur zum Zwecke der besseren Anschaulichkeit als stetige Kurve gezeichnet, ebenso wie die Punkte, die den jährlichen Ertrag darstellen, durch Gerade verbunden wurden. Eine sachliche Bedeutung haben aber nur die den einzelnen Versuchsjahren entsprechenden Punkte, sowohl für die Ertragsdarstellung wie auch für den Trend.

Außerdem muß darauf hingewiesen werden, daß der Trend der Ertragskurven nur den großen allgemeinen Verlauf wiedergeben soll und daher weder als Inter-

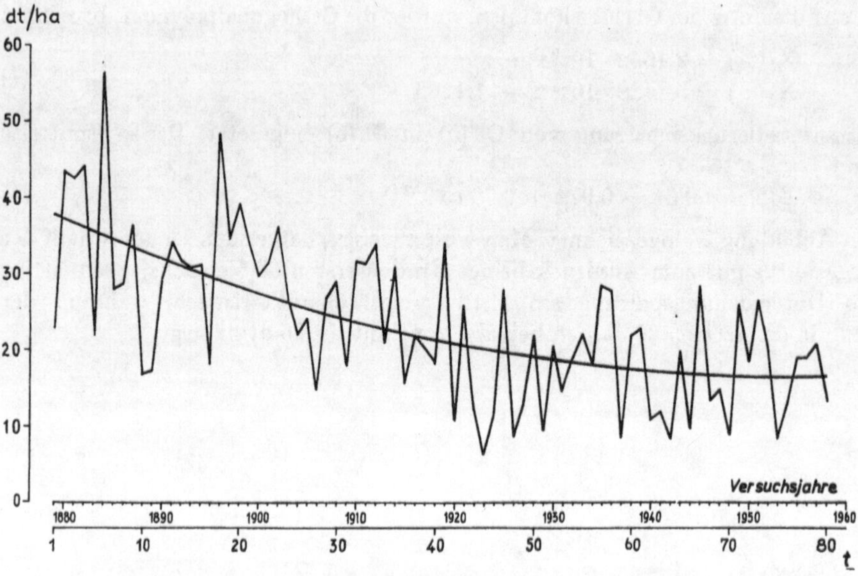

Abb. 4: Ertragsverlauf und Trendkurve für die von 1879 bis 1958 ermittelten Stroh-/Spreuerträge der ungedüngten Parzelle

polations- noch als Extrapolationsformel benutzt werden darf. Die mit dem hier angewandten mathematisch-statistischen Verfahren vorzunehmenden Deutungen der Versuchsergebnisse haben nur für die in den Jahren 1879 bis 1958 gewonnenen Ertragsdaten Gültigkeit.

3. Darstellung der Ergebnisse

Die in Tabelle 1 vorgenommene Zusammenfassung der Versuchsergebnisse ist allgemein üblich. Sie ermöglicht den Vergleich der Erntesummen und Ertragsmittel über beliebige Zeiträume. Es geht daraus auch hervor, daß die witterungsbedingte Variationsbreite in bezug auf das Ertragsmittel in den Mangelvarianten erheblich höher als bei mineralischer und organischer Volldüngung liegt. Diese Erscheinung ist beim Korn stärker als beim Stroh. Da die Maximalerträge ausnahmslos zu Versuchsbeginn aufgetreten sind, kann man eine allgemeine Tendenz zum Ertragsabfall vermuten. Das wechselhafte Auftreten der Minimalerträge weist auf Witterungseinflüsse hin, sagt aber über den Ertragsverlauf nichts aus. Der Mangel dieser Darstellungsweise besteht somit darin, daß sie den Ertragsverlauf nicht erkennen läßt.

In Tabelle 2 sind die Trendfunktionen für alle Untersuchungsparzellen und Ertragsmerkmale nach obiger Methode mathematisch formuliert. Zu ihrer Veranschaulichung empfiehlt sich die graphische Darstellung. Dabei ermöglichen dreidimensionale Zeichnungen die übersichtliche Wiedergabe zahlreicher Verläufe und auch solcher, die sich in verschiedenen Bereichen decken.

In Abbildung 5, die über den Ertragsverlauf in der verkürzten Nährstoffmangelreihe unterrichtet, liegen bei der U- und PK-Parzelle die Startwerte, bei der N- und PK-Parzelle die Endwerte der Trendkurven dicht zusammen. Durch die Einführung der Erntesummenachse, auf der die Linien des Ertragsverlaufes nach

Tabelle 1

Ertragskennzeichen für die Untersuchungsparzellen über die Untersuchungsjahre 1879—1958 (dt/ha, wasserfrei)

Untersuchungs-parzelle	Ernte-summe	Mittlerer Ertrag	Maximalertrag Jahr	Maximalertrag Ertrag	Minimalertrag Jahr	Minimalertrag Ertrag	Ertrags-spanne
			Korn				
ungedüngt	985,78	12,32	1881	25,47	1923	3,69	21,78
N	1400,21	17,50	1881	33,45	1948	6,16	27,29
PK	1126,92	14,09	1884	31,34	1920	6,58	24,76
NPK	1726,44	21,58	1881	32,41	1953	12,47	19,94
Stallmist	1759,73	22,00	1881	33,92	1915	13,84	20,08
			Spreu und Stroh				
ungedüngt	1872,07	23,40	1884	56,59	1923	6,29	50,30
N	2629,05	32,86	1884	68,26	1922	8,34	59,92
PK	2345,53	29,32	1884	51,56	1937	12,20	39,36
NPK	3468,21	43,35	1884	74,30	1922	20,17	54,13
Stallmist	3384,22	42,30	1884	79,23	1895	17,63	61,60
			Gesamtertrag				
ungedüngt	2857,85	35,72	1884	78,39	1923	9,98	68,41
N	4029,26	50,36	1884	101,00	1937	15,51	85,49
PK	3472,45	43,41	1884	82,90	1941	19,80	63,10
NPK	5194,65	64,93	1884	105,22	1922	35,11	70,11
Stallmist	5143,95	64,30	1884	107,47	1889	34,13	73,34

den Differenzen zwischen den Erntesummen auseinandergezogen sind, ergibt sich die Möglichkeit der übersichtlichen Darstellung. Allerdings konnte die Stallmistparzelle bei dieser Verfahrensweise nicht einbezogen werden, weil sich ihre Erntesumme nur geringfügig von derjenigen der NPK-Parzelle unterscheidet, so daß die Ausgleichskurven unübersichtlich eng nebeneinander verlaufen würden.

Die Abbildung zeigt, und es geht auch aus Tabelle 2 hervor, daß der Ertragsverlauf bei der U-Parzelle einer quadratischen, bei allen übrigen Parzellen einer linearen Funktion folgt. Das läßt darauf schließen, daß sich die U-Parzelle auf das Ertragsniveau des Standortes für Roggenmonokultur eingependelt hat. Die Werte der Ausgleichskurve betragen im sechzigsten Versuchsjahr 26,54, im siebzigsten 25,93 und im achtzigsten 26,72 dt/ha. Im Gegensatz dazu scheint sich der Ertragsabfall bei allen übrigen Varianten fortzusetzen. Das ist besonders bei der N-Parzelle zu vermuten, die den steilsten Ertragsabfall aufweist. Er beläuft sich in 20 Jahren auf 9,02 dt/ha gegenüber 8,04 dt/ha bei PK und 5,55 dt/ha bei NPK.

Tabelle 2

Signifikante Trendfunktionen für alle Ertragsmerkmale der 5 Untersuchungsparzellen

Untersuchungs-parzelle	Ertrags-merkmal	Trendfunktion
ungedüngt	Kornertrag	$Y(t) = 21{,}05 - 0{,}36t + 0{,}28 \cdot 10^{-2}t^2$
	Stroh-Spreu-ertrag	$Y(t) = 38{,}40 - 0{,}57t + 0{,}37 \cdot 10^{-2}t^2$
	Gesamtertrag	$Y(t) = 59{,}54 - 0{,}97t + 0{,}70 \cdot 10^{-2}t^2$
N	Kornertrag	$Y(t) = 28{,}20 - 0{,}47t + 0{,}38 \cdot 10^{-2}t^2$
	Stroh-Spreu-ertrag	$Y(t) = 45{,}70 - 0{,}30t$
	Gesamtertrag	$Y(t) = 68{,}63 - 0{,}45t$
NP	Kornertrag	$Y(t) = 23{,}64 - 0{,}73t + 1{,}68 \cdot 10^{-2}t^2 - 1{,}26 \cdot 10^{-4}t^3$
	Stroh-Spreu-ertrag	$Y(t) = 31{,}83 + 0{,}62t - 2{,}47 \cdot 10^{-2}t^2 + 1{,}99 \cdot 10^{-4}t^3$
	Gesamtertrag	$Y(t) = 55{,}65 - 0{,}30t$
NPK	Kornertrag	$Y(t) = 25{,}38 - 0{,}09t$
	Stroh-Spreu-ertrag	$Y(t) = 51{,}14 - 0{,}19t$
	Gesamtertrag	$Y(t) = 76{,}17 - 0{,}28t$
Stallmist	Kornertrag	$Y(t) = 22{,}00$
	Stroh-Spreu-ertrag	$Y(t) = 42{,}30$
	Gesamtertrag	$Y(t) = 64{,}30$

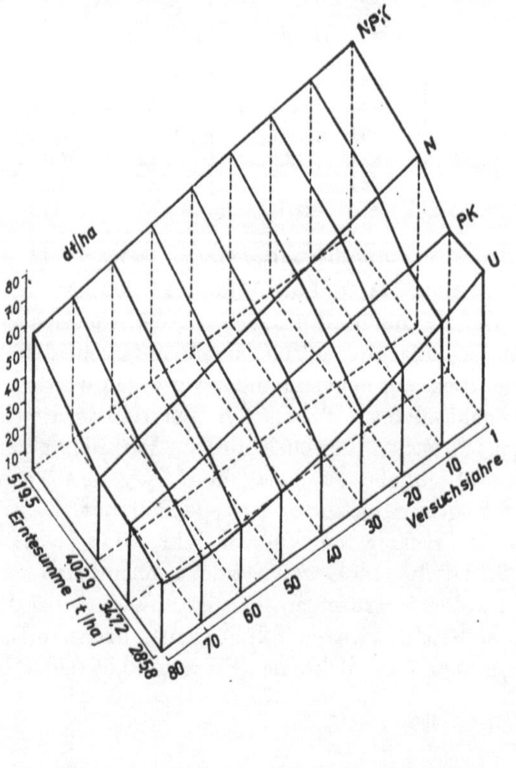

Abb. 5: Verlauf der Trendkurven für das Merkmal Gesamtertrag der verkürzten Nährstoffmangelreihe über 80 Versuchsjahre

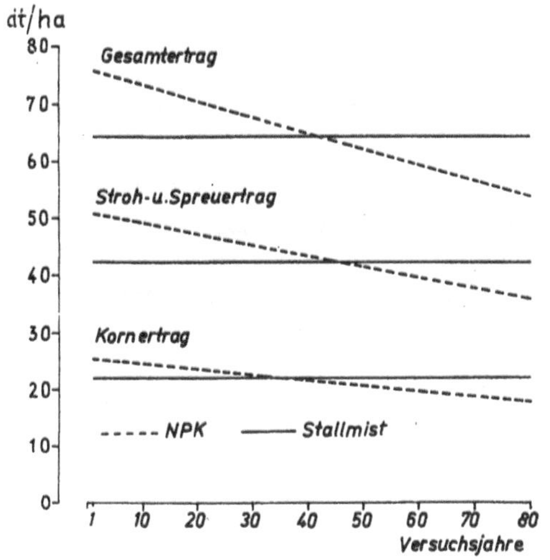

Abb. 6: Verlauf der Trendkurven für alle Ertragsmerkmale der NPK- und Stallmistparzelle über 80 Versuchsjahre

Besonderes Interesse beansprucht der Vergleich zwischen der NPK- und der Stallmistparzelle. Aus Abbildung 6 ist zu ersehen, daß die Korn- und Stroh-/Spreuerträge bei der NPK-Parzelle über die ganze Versuchsperiode abfallen, wogegen die Stallmistparzelle ein gleichbleibendes Ertragsniveau aufweist. Da aber die Ertragslinie der NPK-Parzelle bedeutend höher einsetzt und erst in der zweiten Hälfte der Versuchsperiode diejenige der Stallmistparzelle überschneidet, weist die NPK-Parzelle eine höhere Erntesumme (Gesamtertrag) auf (Tab. 1).

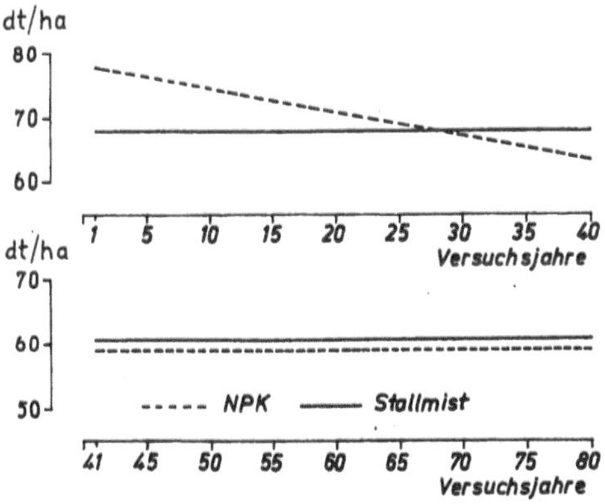

Abb. 7: Verlauf der Trendkurven für das Merkmal Gesamtertrag der NPK- und Stallmistparzelle nach der Aufteilung der Versuchsperiode in zwei Abschnitte von je 40 Jahren

Teilt man die Versuchsperiode in zwei Abschnitte von je 40 Jahren auf und verfährt in derselben Weise (Abb. 7), läßt sich zeigen, daß der Ertragsabfall der NPK-Parzelle auf die ersten vier Jahrzehnte beschränkt ist. In diesem Zeitraum weist sie eine Erntesumme (Gesamtertrag) von 282,7 gegenüber 271,6 t/ha der Stallmistparzelle auf. Im zweiten Versuchsabschnitt verlaufen die Ertragslinien parallel, nämlich auf 59,19 dt/ha bei NPK und 60,70 dt/ha bei Stallmist. Dem entsprechen Erntesummen von 236,8 und 242,8 t/ha.

Ausschließliche mineralische Düngung über acht Jahrzehnte hat unter den Bedingungen des Versuches „Ewiger Roggenbau“ eine um 5,1 t/ha höhere Erntesumme als Stallmistdüngung und während der letzten vierzig Jahre ein gleichbleibendes und der Stallmistdüngung nur schwach unterlegenes Ertragsniveau erbracht. Dabei wurden mit dem Stallmist höhere Stickstoffgaben und geringere P_2O_5- und K_2O-Gaben als auf der NPK-Parzelle verabreicht (Abb. 1).
Mit der vorgeschlagenen Methode läßt sich der Hauptverlauf des Ertragsganges gut darstellen. Es ist aber nicht statthaft, daraus a priori auf die Eigenschaften des Bodens zu schließen. Beim „Ewigen Roggenbau“ hat die alljährlich fortgesetzte bzw. gänzlich unterlassene Stallmistdüngung zu folgender Entwicklung der Kohlenstoffgehalte geführt (SCHMALFUSS und KOLBE, 1961):

Jahr	Stallmist	NPK	ungedüngt
1878	1,24	1,24	1,24
1929	1,64	1,24	1,15
1949	1,66	1,22	1,12
1953	1,68	1,26	1,12
1958	1,69	1,26	1,14

Wie sich zeigt, steht nur der Ertragsverlauf der ungedüngten Parzelle zur Entwicklung der C-Gehalte und damit des N-Vorrats der Böden in Beziehung.
Die Problematik solcher Untersuchungen liegt offenbar darin, daß die als Indikator benutzte Pflanze auf die sich einstellenden Veränderungen des Bodens durch ihren Ertrag an Trockenmasse oder Inhaltsstoffen anspricht. Sicherlich sind zur Klärung grundsätzlicher Fragen, die bei der Anlage statischer Versuche aufgegriffen werden, und besonders zur Deutung langfristiger Ertragsverläufe spezielle Untersuchungen am Boden und Erntegut unerläßlich. Darauf sei im Hinblick auf die Auswertung von Fruchtfolgeversuchen nachdrücklich hingewiesen.

Zusammenfassung

Zeitertragskurven aus langjährigen, einheitlich durchgeführten Feldversuchen weisen in jedem Falle bedeutende Schwankungen auf, die überwiegend durch Witterungseinflüsse verursacht sind. Um ein Urteil über den Einfluß der Prüfgrößen zu gewinnen, muß der Hauptverlauf des Ertragsganges, der Trend, aller Versuchsglieder ermittelt und gegenübergestellt werden.
Es wird empfohlen, das Verfahren der Orthogonalpolynome zur Berechnung des Trends anzuwenden.
Das Verfahren und die graphische Darstellung der Ergebnisse sind an den Befunden des weltbekannten Versuches „Ewiger Roggenbau“ in Halle erläutert. Dabei zeigt sich, daß mittels der vorgeschlagenen Methode gute Einsichten in die dem Hauptverlauf des Ertragsganges zugrunde liegenden Gesetzmäßigkeiten zu gewinnen sind. Die Deutung langfristiger Ertragsverläufe erfordert aber neben

geeigneten mathematisch-statistischen Methoden Untersuchungen am Boden und Erntegut, weil nicht grundsätzlich vorausgesetzt werden kann, daß die Behandlungswirkung ertraglich bzw. nur ertraglich zum Ausdruck kommt.

Резюме

Временные кривые урожайности многолетних, единообразно проведенных полевых опытов в любом случае обнаруживают значительные колебания, которые в основном вызваны влиянием погодных условий. Чтобы получить представление о влиянии проверяемых величин необходимо определить и сопоставить основной ход изменения урожайности, тенденцию всех звеньев опыта.

Для расчета тенденции рекомендуется применять метод ортогональных полиномов.

Метод и графики поясняются на примере всемирно известного опыта „вечного возделывания ржи" в Галле. При этом выяснилось, что с помощью предложенного метода можно получить хорошие данные о лежащих в основе изменений урожайности закономерностях. Однако, для толкования длительных изменений урожайности наряду с соответствующими математически-статистическими методами необходимо проводить также исследования почв и урожая, потому что нельзя как правило предполагать, что тот или иной прием сказывается всегда на изменении урожая.

Summary

Time-yield curves obtained from long-term field experiments which had been carried out on uniform basis would, in any case, indicate considerable fluctuations which were caused mainly by weather effects. The major developments of yield, i.e. the trend, should be determined and compared for all the test links involved for judgement of influence exercised by test indexes.

The application of the method of orthogonal polynomes to the calculation of the above trend is recommended.

Methods applied and graphical plotting of results are explained by the findings of the world-known "eternal rye cultivation" experiment at Halle. The proposed method was shown to give a fair approach to the basic principles which determine the major developments of yield. It is impossible to basically assume yield expression of treatment effect. Interpretation of long-term yield developments would, therefore, require not only appropriate mathematical and statistical methods, but also investigations on soil and harvested crops.

Literatur

Böhme, R. W.: Die Dauer der Ertragsfähigkeit der Böden unter verschiedenen Anbausystemen. Kühn-Arch. 26 (1930), S. 47

Fischer, M.: Die wirtschaftlich wertvollen Bestandteile, insbesondere die stickstoffhaltigen Verbindungen im Roggenkorn unter dem Einfluß der Düngungsweise, der Jahreswitterung und des Saatgutes. Berichte aus dem physiologischen Laboratorium und der Versuchsanstalt des landwirtschaftlichen Institutes der Universität Halle 1893, H. 10, S. 34

KÜHN, J.: Das Versuchsfeld des landw. Instituts der Universität Halle a. d. Saale. Berichte aus dem physiologischen Laboratorium und der Versuchsanstalt des landwirtschaftlichen Institutes der Universität Halle 1901, H. 15, S. 169

KULLMANN, A.: Über den Einfluß einiger Düngungsvarianten des Feldversuches „Ewiger Roggenbau" (Halle/S.) auf die Bodenstruktur. Thaer-Arch. 6 (1962), S. 734

LORENZ, P.: Der Trend. Vierteljahreshefte zur Konjunkturforschung, Sonderheft 21, Berlin 1931, 104 S.

MERKER, J.: Untersuchungen an den Ernten und den Böden des Versuches „Ewiger Roggenbau". Kühn-Arch. 70 (1955), S. 153

MONTOULIAK, G.: Zur Charakterisierung der organischen Bodensubstanz in mitteldeutschen Ackerböden. Kühn-Arch. 72 (1958), S. 79

RAUHE, K.; KOEPKE, V.: Die Bedeutung der organischen Düngung im Stickstoffkreislauf des Ackerbodens. Thaer-Arch. 6 (1962), S. 177

ROEMER, TH.; IHLE, H.: Die Einfelderwirtschaft auf dem Versuchsfelde des Instituts für Pflanzenbau u. Pflanzenzüchtung der Universität Halle für die Jahre 1879—1921. Kühn-Arch. 9 (1925), S. 13

SCHEFFER, F.: Über das Problem der Bodenfruchtbarkeit. Arch. Pflanzenbau 8 (1931a), S. 127

SCHEFFER, F.: Chemische und biologische Untersuchungen über den Nährstoffgehalt der Böden des „Ewigen Roggenbaues" in Halle a. S. Arch. Pflanzenbau 7 (1931b), S. 169

SCHMALFUSS, K.: Siebzig Jahre „Ewiger Roggenbau". Kühn-Arch. 63 (1950), S. 1

SCHMALFUSS, K.: Der Feldversuch „Ewiger Roggenbau" in Halle. Phosphorsäure 17 (1957), Folge 3/4

SCHMALFUSS, K.: Über Bodenbildung. Thaer-Arch. 9 (1965), S. 3

SCHMALFUSS, K.; KOLBE, G.: Der „Ewige Roggenbau" in Halle nach 80 Jahren. Wiss. Z. Univ. Halle, Math.-Naturwiss. R. 10 (1961), S. 425

SCHMALFUSS, K.; KOLBE, G.: Der Dünger Stallmist. Thaer-Arch. 7 (1963), S. 199

WEINAUG, W.: Über Bodenuntersuchungen der Roggenparzellen im statischen Versuch des landwirtschaftlichen Versuchsfeldes der Universität Halle. Halle, Martin-Luther-Univ., Diss. 1921

Anschrift der Verfasser
Dr. PAUL MÜLLER und Dipl.-Wirtsch.-Math. WOLFGANG REIHER
Institut für Acker- und Pflanzenbau Müncheberg
der Deutschen Akademie der Landwirtschaftswissenschaften zu Berlin
1278 Müncheberg, Wilhelm-Pieck-Straße 72

Aus der Zentralstelle für Sortenwesen Nossen
— Saat- und Pflanzgutuntersuchung Dresden-Pillnitz —

HELMUT LUDWIG

Die Verwendung von Stimulantien bei der Keimprüfung von Samen mit langer Keimdauer

(am Beispiel *Poa pratensis* L.)

Eingegangen: 28. 5. 1965

1. Problemstellung

Viele Samen unserer Kulturpflanzen haben kurz nach der Ernte eine mehr oder weniger stark ausgeprägte Keimruhe. Diese primäre Keimruhe ist abhängig von den klimatischen Bedingungen während der Reife der Samen (vgl. BARTON, 1961; JUNGES und LUDWIG, 1963; LUDWIG und JUNGES, 1963). Viele Arten haben an sich schon eine sehr lange Keimdauer. Es kommt eine mangelnde Keimbereitschaft kurz nach der Ernte hinzu (vgl. FAO, 1961).
Bei der Großflächenproduktion wird das erzeugte Saatgut unmittelbar nach der Ernte abgeliefert. Es ist deshalb außerordentlich wichtig, mit sicheren Methoden die Keimfähigkeit schnell zu bestimmen.
Um die wahre Keimfähigkeit kurz nach der Ernte ermitteln zu können, wurden Keimversuche mit verschiedenen Stimulantien auch in Kombinationen durchgeführt.

2. Material und Methode

Es wurden Samen von *Poa pratensis* einer Partie Elite mit einer nach 28 Tagen ermittelten Keimfähigkeit von 92% zu den Versuchen verwendet. Die Samen wurden in Petrischalen mit 10 cm Durchmesser auf 2 Lagen Fließpapier eingekeimt. Die Versuche standen bei Wechseltemperatur 20—30 °C 16 Stunden im diffusen Licht. Die Auszählung der Versuche erfolgte nach 7, 10, 14, 21 und 28 Tagen. Die Versuche wurden angesetzt mit folgenden Stimulantien und Konzentrationen:

a) Gibberellinsäure 2000 ppm; 1000 ppm; 500 ppm und 250 ppm
b) Chlorcholinchlorid (CCC) 6,32 g/l; 3,16 g/l; 1,58 g/l und 0,79 g/l
c) Kinetin 1 ppm; 0,5 ppm; 0,25 ppm und 0,125 ppm
d) Kaliumnitrat 0,5%; 0,2%; 0,1%

Diese vier Versuchsgruppen wurden untereinander auch so kombiniert, daß alle Konzentrationen miteinander verglichen werden können.
Bei der Auszählung der gekeimten Samen wurden jeweils auch die Längen der Keimlinge und der Wurzeln gemessen, um festzustellen, ob die betreffenden Stimulantien rein oder in Kombination eine hemmende oder fördernde Wirkung auf die Keimlings- oder Wurzellänge haben.

3. Ergebnisse und Diskussion

3.1. Die Wirkung der Stimulantien auf die Länge der Keimlinge und der Wurzeln

3.1.1. Die reinen Stimulantien

Die Gibberellinsäure ergab bei den Konzentrationen 2000 ppm, 1000 ppm, 500 ppm und 250 ppm eine fast gleich starke Verlängerung des Keimlings, während die Wurzellänge bei 2000 ppm gegenüber dem O-Test leicht gehemmt war. Auch bei anderen Grasarten konnten wir bei Konzentrationen unter 2000 ppm keine Wurzelhemmung durch Gibberellinsäure feststellen.

Die Verwendung von Chlorcholinchlorid (CCC) ergab nur eine geringe Förderung von Wurzel- und Keimlingslängen bei schwächer werdenden Konzentrationen gegenüber dem O-Test.

Die Verwendung von Kinetin brachte zwar bei allen gebrauchten Konzentrationen eine Zunahme der Keimlingslänge, sie führte jedoch zu so starken Wurzelverkürzungen, daß die Anwendung von Kinetin ausscheiden muß.

Die Einkeimung mit KNO_3 ergab bei den angewendeten Konzentrationen generell eine Zunahme der Keimlingslänge, jedoch bei 0,5%iger Lösung eine Verkürzung der Wurzellängen (Abb. 1).

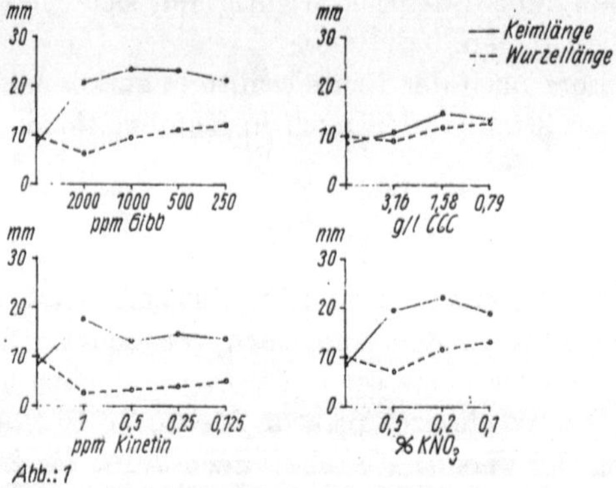

Abb.: 1

3.1.2. Die kombinierten Stimulantien

Die Kombinationen von Gibberellinsäure und CCC sowie Kinetin und CCC führten gegenüber der Kontrolle zu absolut unbrauchbaren Wurzellängen. Gibberellinsäure in Verbindung mit KNO_3 ergab bei den Gibberellinkonzentrationen 500 ppm und 250 ppm sowohl bei 0,2%iger als auch 0,1%iger KNO_3-Lösung eine sehr starke Keimlingsförderung, ohne das Wurzelwachstum negativ zu beeinflussen (Abb. 2).

3.2. Die Wirkung der Stimulantien auf die Keimschnelligkeit

3.2.1. Die reinen Stimulantien

Gibberellinsäure der Konzentration 250 ppm erbrachte bereits nach 7 Tagen Keimergebnisse, die im zulässigen Spielraum gemäß den ISTA-Vorschriften (1960)

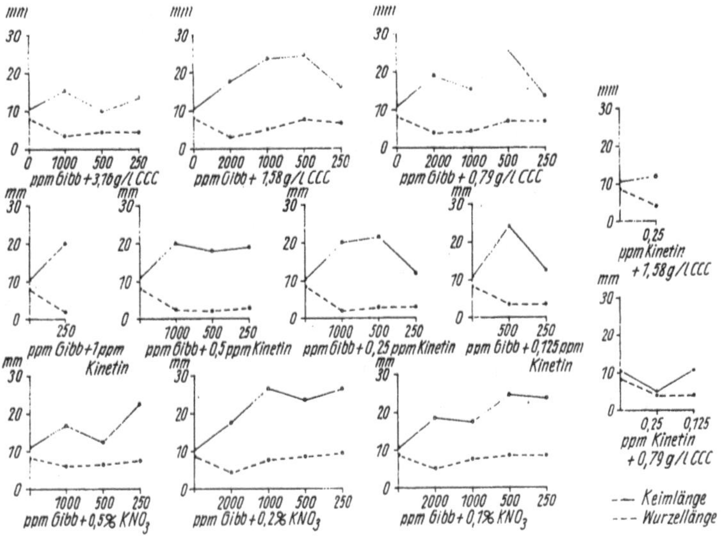

Abb. 2

lagen. Alle Gibberellinkonzentrationen waren gegenüber der Keimfähigkeit des O-Testes bereits nach 7 Tagen schon hoch signifikant. Nach 21 Tagen lagen auch die Konzentrationen 500 ppm und 1000 ppm innerhalb des zulässigen Spielraumes. Bei den Versuchen mit CCC wurde bei den Konzentrationen 1,58 g/l und 0,79 g/l der zulässige Spielraum der Keimfähigkeit nach 14 Tagen erreicht.
Keine der angewendeten Kinetin-Konzentrationen führte zu einem früheren Erreichen der Keimfähigkeit des O-Testes, also vor 28 Tagen.
Mit Hilfe von KNO_3 wurde bei Verwendung der Konzentrationen 0,5% bzw. 0,2% nach 10 Tagen bereits die Keimfähigkeit der Kontrolle erreicht, wobei jedoch die 0,5%ige Lösung wegen der unter 3.1.1. beschriebenen Mängel ausscheiden muß. Die Verwendung einer 0,1%igen Lösung ergab nach 14 Tagen die Keimfähigkeit des O-Testes innerhalb des zulässigen Spielraumes.

3.2.2. Die kombinierten Stimulantien

Die Verwendung von Gibberellinsäure und CCC zeigt bei der geringsten CCC-Konzentration von 0,79 g/l und 250 ppm Gibberellinsäure nach 7 Tagen die volle Keimfähigkeit. Da das gleiche Ergebnis mit Gibberellinsäure allein erreicht wurde, bietet die Kombination von Gibberellinsäure und CCC keinen Gewinn.
Bei der Kombination Kinetin und Gibberellinsäure erreichten die Varianten niemals die Keimfähigkeit innerhalb des zulässigen Spielraums vom O-Test.
Die Kombination Kinetin und CCC ergab bei der geringsten Kinetin-Konzentration von 0,125 ppm und 0,79 g/l CCC erst nach 21 Tagen Keimwerte innerhalb des zulässigen Spielraumes und war damit dem reinen CCC unterlegen.
Schließlich erhielten wir bei der Verwendung von Gibberellinsäure und KNO_3 sehr günstige Ergebnisse. Nach 7 Tagen wurde die volle Keimfähigkeit mit 1000 ppm

oder 250 ppm Gibberellinsäure und 0,2% KNO_3 erreicht. Bei einer 0,1%igen KNO_3-Lösung mit 500 ppm oder 250 ppm Gibberellinsäure wurden gleiche Ergebnisse nach 7 Tagen innerhalb des zulässigen Spielraumes der Keimfähigkeit erhalten. Die Anwendung von 500 ppm Gibberellinsäure und 0,1% KNO_3 ergab nach 10 Tagen einen Keimwert, der noch über dem zulässigen Spielraum der Kontrolle mit 28 Tagen Keimdauer liegt.

Zusammenfassung

Die Verwendung von Stimulantien zur Beschleunigung der Keimprüfung ist bei *Poa pratensis* möglich mit:

Gibberellinsäure der Konzentration 250 ppm, Keimdauer 7 Tage,
KNO_3 der Konzentration 0,2%, Keimdauer 10 Tage,
Gibberellinsäure 500 ppm oder 250 ppm und KNO_3 0,1%, Keimdauer 7 Tage,
Gibberellinsäure 1000 ppm oder 250 ppm und KNO_3 0,2%, Keimdauer 7 Tage.

Die Anwendung dieser Konzentrationen führt weder zu Anomalien des Keimlings noch der Wurzel. Zumindest kann unter Berücksichtigung eines Sicherheitsfaktors die Keimprüfung nach 10 Tagen abgeschlossen werden. Die Verwendung von Gibberellinsäure und KNO_3 dürfte auch bei anderen Poaceae zu einer wesentlichen Verkürzung der Keimdauer führen.

Резюме

Для ускорения проверки всхожести *Poa pratensis* можно использовать стимуляторы роста:
гиббереллиновая кислота в концентрации 250 мг/кг, продолжительность прорастания 7 дней;
KNO_3 в концентрации 0,2%, продолжительность прорастания 10 дней; гиббереллиновая кислота в концентрации 500 мг/кг или 250 мг/кг и 0,1-процентная KNO_3, продолжительность прорастания 7 дней; гиббереллиновая кислота в концентрации 1000 мг/кг или 250 мг/кг и 0,2-процентная KNO_3 продолжительность прорастания 7 дней.
Применение таких концентраций не приводит к ненормальностям проростка и корня. Принимая во внимание фактор точности, проверку всхожести можно закончить через 10 дней. Вероятно, применение гиббереллиновой кислоты и KNO_3 привело бы к сокращению срока прорастания и у других видов Poaceae.

Summary

The following substances may be used as stimulants to shorten the time required for germination tests on *Poa pratensis*:
Gibberellin acid, 250 ppm in concentration, for seven days germination time;
KNO_3, 0.2 per cent in concentration, for 10 days germination time;

Gibberellin acid, 500 ppm or 250 ppm, and KNO_3, 0.1 per cent, for seven days germination time;
Gibberellin acid, 1,000 ppm or 250 ppm, and KNO_3, 0.2 per cent, for seven days germination time.
Neither seedlings nor roots would be exposed to anomalies from the application of the above concentrations. Germination tests may be concluded after 10 days, even if a safety factor is used. The application of gibberellin acid and KNO_3 might result in substantial shortening of germination time also for other Poaceae.

Literatur

BARTON, L. V.: Experimental seed physiology at Boyce Thompson Institute for Plant Research. Inc., Yonkers, N. Y., USA., 1924–1961. Proc. Int. Seed Test. Ass. 26 (1961), No. 4, S. 561–596

FAO, Agricultural Studies: Agricultural and Horticultural Seeds, their Production, Control and Distribution. Rom, 1961, H. 55

ISTA, Internationale Vorschriften für die Prüfung von Saatgut. Proc. Int. Seed Test. Ass. 25 (1960), No. 4

JUNGES, W.; LUDWIG, H.: Einfluß von Wasserversorgung, Düngung und Licht während der Samenbildung auf die Samenruhe von *Impatiens balsamina* L. Proc. Int. Seed Test. Ass. 28 (1963)

LUDWIG, H.; JUNGES, W.: Entstehungsbedingungen und Aufhebung der primären Keimruhe bei Braugerste. Z. landwirtsch. Versuchs- u. Untersuchungswes. 9 (1963), S. 309–318

Anschrift des Verfassers
Dr. HELMUT LUDWIG
Zentralstelle für Sortenwesen Nossen
– Saat- und Pflanzgutuntersuchung Dresden-Pillnitz –
8057 Dresden, August-Böckstiegel-Straße 3

Aus dem Institut für Chemie in der Landwirtschaft Leipzig
der Deutschen Akademie der Landwirtschaftswissenschaften zu Berlin

WOLFGANG HEYMANN

Ein Beitrag zur Kenntnis der Phazelia (*Phacelia tanacetifolia* Benth.) als Futterpflanze

2. Mitteilung: Zusammensetzung der Pflanzensubstanz und Futterwert

Für die Beurteilung der Anbauwürdigkeit einer Futterpflanze spielt neben ihrem ertraglichen Leistungsvermögen vor allem ihre Nährstoffzusammensetzung eine wichtige Rolle, von der in Verbindung mit der Verdaulichkeit der organischen Substanz der Futterwert maßgeblich bestimmt wird. Sieht man von den standortbedingten Schwankungen ab, so wird die absolute Höhe und Relation der wichtigsten futterwertbestimmenden Inhaltsstoffe innerhalb bestimmter genetisch gezogenen Grenzen am stärksten durch das Alter der Pflanze beeinflußt. Für die Wahl des richtigen Nutzungszeitpunktes einer Futterpflanze sowie für die Beurteilung ihres Futterwertes sind aus diesen Gründen gesicherte Kenntnisse über die Nährstoffzusammensetzung und ihre altersabhängigen Veränderungen unerläßlich. Ergänzend zu den Prüfungen der ertraglichen Leistungsfähigkeit der Phazelia (siehe 1. Mitteilung, 9 (1965), S. 1113–1126, dieser Zeitschrift) erfolgten deshalb in den Jahren 1961 und 1962 spezielle Untersuchungen der Pflanzenmasse in sog. kontinuierlichen Schnittzeitenversuchen, über die in zusammengefaßter Form berichtet werden soll. Eine ausführliche Darstellung der Versuchsergebnisse erfolgte bereits an anderer Stelle (HEYMANN, 1964).

1. Botanisch-morphologische Pflanzenzusammensetzung

Zur näheren Kennzeichnung der Veränderungen der Pflanzen erfolgten sämtliche Untersuchungen stets getrennt für die Pflanzenteile Blätter, Stengel und Blüten, worauf bereits hingewiesen wurde (HEYMANN, 1965). Die Versuche waren so angelegt, daß während der gesamten Vegetationszeit der Phazelia im Abstand von 3 und 4 Tagen entsprechende Proben entnommen werden konnten. Die Ergebnisse von 3 parallelen Versuchsserien (2 Feldversuchsstandorte, 1 Gefäßversuch) wurden mittels der Regressionsrechnung ausgewertet, welche die Darstellung des mittleren Verlaufs der entsprechenden Variablen (in diesem Falle der Zusammensetzung der Pflanzenteile) abhängig von einer gegebenen Größe (hier dem Pflanzenalter) ermöglicht.

Auf dieser Grundlage enthält Abbildung 1 den mittleren Verlauf des jeweiligen Blatt-:Stengel-:Blütenanteils der Phazelia während ihrer Vegetationszeit. Bemerkenswert ist dabei die sehr gute Übereinstimmung zwischen den Versuchsgruppen, die auf eine allgemeingültige Gesetzmäßigkeit hinweist. Bei sehr junger Phazelia liegt der Blattanteil um etwa 80% der Pflanzentrockenmasse und sinkt mit zunehmendem Alter bis auf Werte um 20% der Trockenmasse ab. In der gleichen Richtung erhöht sich natürlich der Stengelanteil der Pflanzen, jedoch prozentual an der Gesamtmasse nicht bis zum Vegetationsende, weil in der genera-

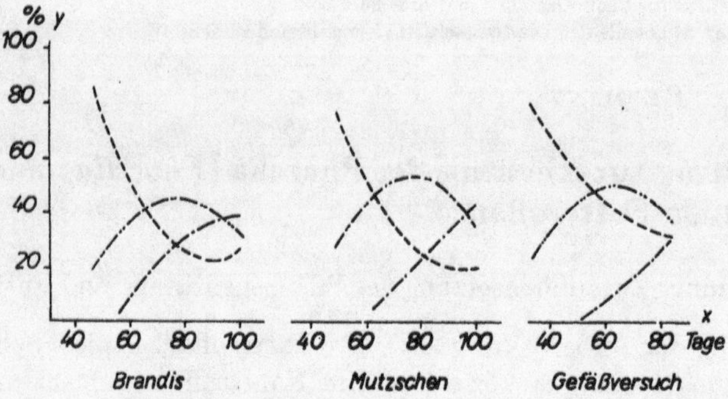

Abb. 1: Mittlerer Verlauf des Blatt-: Stengel-: Blütenanteils der Phazelia in Abhängigkeit von der Wachstumszeit

— — — — Blätter
—··—··— Stengel
—·—·—· Blüten

tiven Phase eine außerordentlich starke Zunahme der Blütenmasse bis zu 40% der Gesamtsubstanz erfolgt. Da die Nährstoffzusammensetzung der Pflanzenteile sehr stark voneinander abweicht, stehen die Veränderungen der Blatt-:Stengel-: Blütenrelation in enger Beziehung zu den Änderungen des Futterwertes der Pflanze.

2. Veränderungen der Nährstoffzusammensetzung der Phazelia

2.1. Trockensubstanz

Für die Konzentration der Nährstoffe und letzten Endes für die Gesamtleistung einer Pflanze ist der Trockensubstanzgehalt entscheidend. Aus Abbildung 2

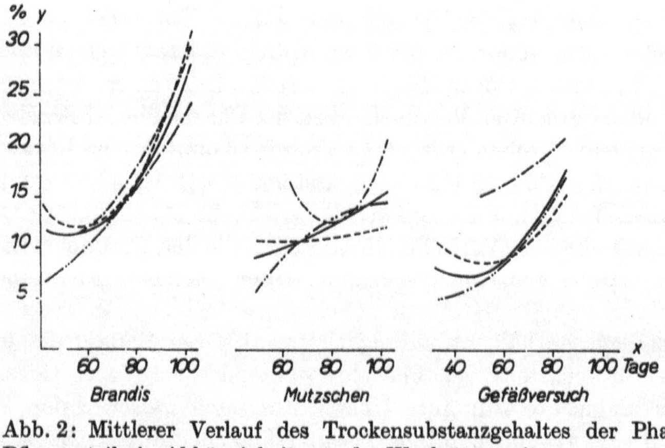

Abb. 2: Mittlerer Verlauf des Trockensubstanzgehaltes der Phazelia und ihrer Pflanzenteile in Abhängigkeit von der Wachstumszeit

———— Gesamt
— — — — Blätter
—··—··— Stengel
—·—·—· Blüten

läßt sich sein mittlerer Verlauf bei der Phazelia und ihren Pflanzenteilen während der Wachstumszeit gut erkennen. Am auffälligsten sind die niedrigen Anfangswerte und die bei jungen Pflanzen nur langsame Zunahme der Trockensubstanz. Bei jungen futterwirtschaftlich besonders wertvollen Beständen sind Trockensubstanzgehalte von 8 ··· 10% die Regel, eine stärkere Anreicherung findet erst in einer Zeit statt, wo der Futterwert bereits erheblich nachläßt. Diese Eigentümlichkeit bildet die Ursache dafür, daß den meist sehr guten Frischmasseerträgen der Phazelia oft nicht befriedigende Trockenmasseleistungen gegenüberstehen. In dieser Tatsache muß die Pflanzenzüchtung künftig einen wichtigen Ansatzpunkt für eine weitere Verbesserung dieser Pflanze sehen.

2.2. Rohprotein

Der Rückgang des Rohproteingehaltes mit zunehmendem Alter der Pflanzen ist allgemein bekannt; davon macht auch die Phazelia keine Ausnahme. Die in Abbildung 3 zusammengefaßten Untersuchungen zeigen darüber hinaus, daß die

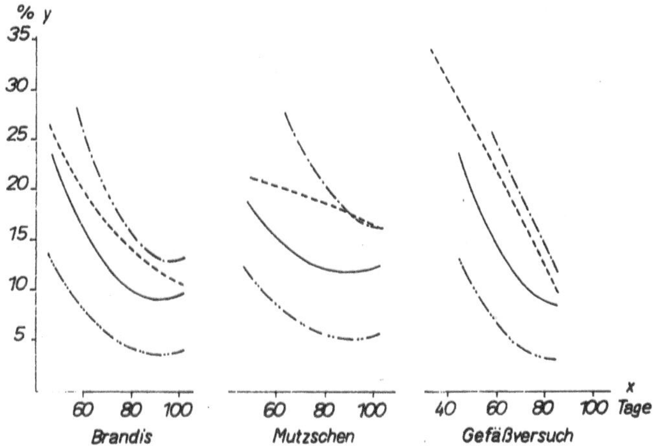

Abb. 3: Mittlerer Verlauf des Rohproteingehaltes der Phazelia und ihrer Pflanzenteile in Abhängigkeit von der Wachstumszeit

———— Gesamt
— — — — Blätter
—··—··— Stengel
—·—·—· Blüten

Phazelia zu den eiweißreichen Futterpflanzen gerechnet werden muß. Ihre Anfangsgehalte (junge Pflanzen) nähern sich dem Wert von 25% der Trockensubstanz; im Stadium ihrer häufigsten praktischen Nutzung (Blühbeginn) liegt der Eiweißgehalt noch zwischen 16 und 20% der Trockensubstanz. Ferner zeigt sich deutlich, daß Blüten und Blätter erheblich eiweißreicher sind als die Stengelmasse, und zwar bereits von Anfang an, also auch bei sehr jungen Pflanzen mit noch saftigen, unverholzten Stengeln. Das unterstreicht die besondere futterwirtschaftliche Bedeutung der Blatt- (und Blüten-) Masse.

2.3. Rohfaser und Lignin

Der Entwicklungsverlauf des Rohfasergehaltes der Phazelia bildet annähernd das Gegenstück zum Rohproteingehalt, wie Abbildung 4 zeigt. Der starke Anstieg der Rohfaserkurven mit zunehmendem Pflanzenalter — besonders deutlich in der Stengelmasse — deutet bereits auf die in dieser Richtung erhebliche Verschlechterung des Futterwertes hin. Auch hier liegen schon zu Untersuchungsbeginn die Stengelwerte deutlich über denen von Blättern und Blüten!

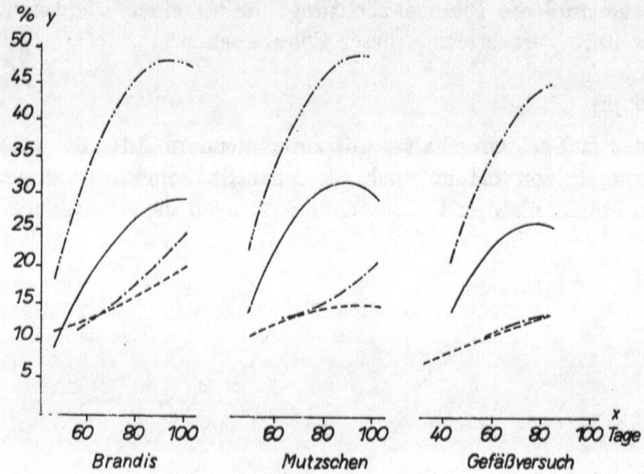

Abb. 4: Mittlerer Verlauf des Rohfasergehaltes der Phazelia und ihrer Pflanzenteile in Abhängigkeit von der Wachstumszeit

——————— Gesamt —··—··— Stengel
— — — — Blätter —·—·—· Blüten

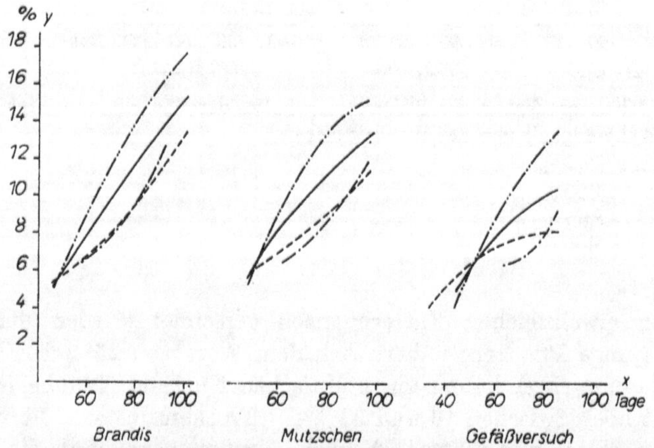

Abb. 5: Mittlerer Verlauf des Ligningehaltes der Phazelia und ihrer Pflanzenteile in Abhängigkeit von der Wachstumszeit

——————— Gesamt —··—··— Stengel
— — — — Blätter —·—·—· Blüten (nur 1962)

Die ergänzend durchgeführten Ligninuntersuchungen (Abb. 5) der Phazelia-Pflanzenteile führten in zweierlei Hinsicht zu bemerkenswerten Resultaten. Der Anstieg der Kurven verläuft annähernd linear, d. h., mit zunehmendem Pflanzenalter findet eine fast gleichmäßige Ligninzunahme der Pflanzen statt. Zum anderen entspringen die Ligninkurven im wesentlichen aus einem Punkt, d. h., zu Versuchsbeginn (bei sehr jungen Pflanzen) enthalten Blätter und Stengel etwa gleich niedrige Ligninwerte, und erst mit fortschreitender Vegetationszeit erfolgt eine wesentlich stärkere Ligninanreicherung in den Stengeln.

2.4. Stickstofffreie Extraktstoffe

Von allen den Futterwert beeinflussenden Inhaltsstoffen der Phazelia ließ sich bei der Gruppe der stickstofffreien Extraktstoffe (NFE) die geringste Beziehung zum Alter der Pflanze nachweisen (Abb. 6). In den Feldversuchen schwankten die

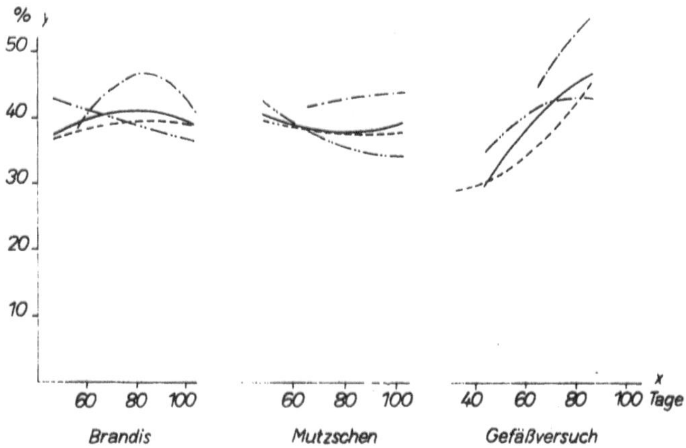

Abb. 6: Mittlerer Verlauf des Gehaltes der Phazelia an stickstofffreien Extraktstoffen (NFE) in Abhängigkeit von der Wachstumszeit

———— Gesamt — ·· — ·· Stengel
— — — Blätter · — · · Blüten

Werte während der gesamten Vegetationszeit etwa um 40% der Trockensubstanz und veränderten sich nur unwesentlich; lediglich im Gefäßversuch zeigte sich ein Anstieg, der auf die relativ raschere Abnahme anderer Inhaltsstoffe (Rohprotein, Mineralstoffe) zurückzuführen ist. Insgesamt liegt der NFE-Gehalt der Phazelia infolge ihres hohen Gehaltes an Eiweiß und Mineralstoffen im Vergleich zu anderen Futterpflanzen verhältnismäßig niedrig.

2.5. Mineralstoffgehalt

Die während der gesamten Vegetationszeit der Phazelia durchgeführten Mineralstoffuntersuchungen erstreckten sich einmal auf den Rohaschegehalt, zum anderen auf die für die Futterbewertung bedeutsamen Mengenelemente Ca, P und K. Hinsichtlich des Verlaufs während des Vegetationszeitraumes soll hier nur der

Gesamtmineralstoffgehalt dargestellt werden (Abb. 7), der bei jungen Pflanzen mit bis zu 25% und bei älteren mit über 15% der Trockensubstanz als außerordentlich hoch anzusprechen ist. Dem hohen Gesamtaschegehalt entsprechen

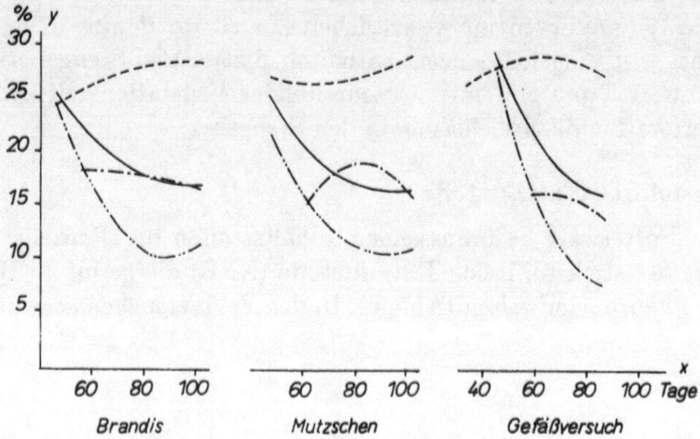

Abb. 7: Mittlerer Verlauf des Mineralstoffgehaltes der Phazelia und ihrer Pflanzenteile in Abhängigkeit von der Wachstumszeit

——————— Gesamt —··—··— Stengel
— — — — Blätter —·—·— Blüten

auch hohe mittlere Werte an CaO und K_2O, die in den eigenen Versuchen bei 4 bis über 5% der Trockensubstanz lagen. Insgesamt zeigen die Untersuchungen, daß die Phazelia einen höheren Mineralstoffgehalt besitzt als die meisten gebräuchlichen Futterpflanzen, wie aus Tabelle 1 hervorgeht.

Tabelle 1

CaO- und P_2O_5-Gehalte einiger Futterstoffe nach NEHRING (1955), umgerechnet auf 100% Trockensubstanz, im Vergleich zur Phazelia

Futtermittel	CaO	P_2O_5	P_2O_5:CaO 1:	CaO:P_2O_5 1:
1. Luzerne, grün	2,11	0,67	3,1	0,32
2. Kleeheu	3,02	0,81	3,7	0,27
3. Wiesenheu	0,99	0,57	1,7	0,58
4. Haferstroh	0,55	0,34	1,6	0,62
Phazelia, grün (Mittel der eigenen Untersuchungen aus Feldversuchen)	4,57	0,69	6,6	0,15

Bei normalem Gehalt an P_2O_5 bedingt der Überschuß an CaO im Futter natürlich ein verhältnismäßig weites P_2O_5:CaO-Verhältnis und damit bei der Fütterung ein reichliches Kalkangebot (siehe auch 1. Mitteilung, HEYMANN, 1965). Auch LEIN (1953) und RUBACH (1960) wiesen bereits auf den hohen CaO-Gehalt der Phazelia hin.

3. Nährstoffverdaulichkeit der Phazelia

Die Ermittlung der Verdaulichkeit des Futters erfolgte in Ausnutzungsversuchen mit Hammeln, die das Futter in Form von Silage im Direktversuch erhielten. Neben verschieden alter Phazelia wurden auch einige Mais- und Senfpartien vergleichsweise mitgeprüft. Trotz sorgfältiger Einsäuerung (17 Versuche) gelang es bei der Phazelia nur in wenigen Fällen, brauchbare Silagen zu gewinnen. Die schwere Vergärbarkeit dieser Pflanze muß auf folgende Ursachen zurückgeführt werden:

1. niedriger Gehalt an Trockensubstanz und vergärbaren Kohlenhydraten (Zucker),
2. hoher Gehalt an Eiweiß und basischen Mineralstoffen,
3. dadurch bedingtes ungünstiges Zucker: Basen-Verhältnis.

Nur bei starkem Anwelken des Frischfutters konnten gute Silagen gewonnen werden. Die Versuchstiere nahmen jedoch auch die schlechten Silagen nach kurzer Gewöhnung gut auf, eine Tatsache, auf die schon SCHARRER und SCHREIBER (1940) aufmerksam machten.
Tabelle 2 vermittelt einen zusammenfassenden Überblick über die Nährstoffverdaulichkeit und den Gehalt der Phazelia an verdaulichen Nährstoffen und Stärkeeinheiten. Zur besseren Verdeutlichung der Verhältnisse wurde das Ergebnis von einer jungen Anwelksilage (Knospenzustand) dem Mittel sämtlicher Untersuchungen gegenübergestellt.

Tabelle 2
Nährstoffverdaulichkeit von Phazelia-Silagen sowie Gehalt an verdaulichen Nährstoffen und Stärkeeinheiten

	Zahl d. Vers.	Verdaulichkeit in %				
		Organische Substanz	Roh-protein	Roh-fett	Roh-faser	NFE
1. Phazelia in Knopse (angewelkt)	1	73,3	78,7	78,7	64,4	73,2
2. Mittel aller Phazelia-Silagen von Vollknospe bis Vollblüte	9	64,2	66,3	61,2	52,3	70,2

	Gehalt an verd. Nährstoffen in %				1000 Teile Futtermittel enthalten		Verhältnis Eiw.: StE 1:
	Roh-protein	Roh-fett	Roh-faser	NFE	verd. Eiweiß	Stärke-einheiten	
1. Phazelia in Knospe (angewelkt)	5,76	0,84	3,47	6,76	57,6	154	2,7
2. Mittel aller Phazelia-Silagen von Vollknospe bis Vollblüte	1,96	0,41	2,13	4,68	19,6	81,5	4,3

Die Ergebnisse zeigen deutlich, daß junge Phazelia ein wertvolles, sehr proteinreiches Futter liefert, dessen Verdaulichkeit mit über 70% als gut bezeichnet werden kann. Mit Anwelksilagen gelingt ferner auch eine beachtliche Nährstoffanreicherung, wie Tabelle 2 zeigt.

Mit zunehmendem Alter der Pflanzen geht die Verdaulichkeit der Nährstoffe dagegen naturgemäß stärker zurück, wobei besonders die Rohfaserverwertung erheblich nachläßt (zunehmende Ligninanreicherung). Diese Tatsache geht deutlich aus den in Abbildung 8 dargestellten Beziehungen zwischen dem Ligningehalt

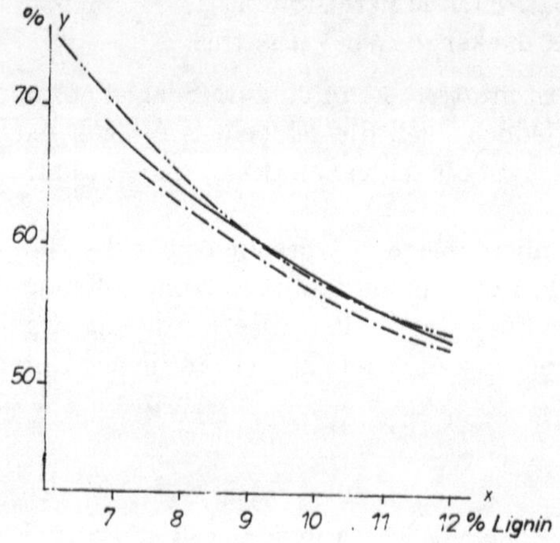

Abb. 8: Mittlerer Verlauf der Verdaulichkeit der organischen Substanz von Phazelia- und Vergleichssilagen in Abhängigkeit vom Ligningehalt des Futters

——————— Phazelia 1961 + 1962
—·—·—· Phazelia 1962
—··—··— Phazelia + Senf + Mais 1961 + 1962

der Futtermasse und der Verdaulichkeit der organischen Substanz hervor. Die für sämtliche Phazelia-Silagen (1961 und 1962) berechnete Regression ergab einen linearen Abfall der Verdaulichkeit mit steigendem Ligningehalt des Futters, wie die folgende Gleichung beweist:

$$Y = 87{,}4 - 2{,}8993\,x; \quad r = -0{,}792.$$

Das bedeutet, daß sich die Verdaulichkeit der organischen Substanz der Phazelia je 1% Ligninzunahme um 2,9% verringerte.

4. Zusammenfassende Schlußbetrachtung

Die Phazelia ist eine schnellwüchsige und besonders bei kurzer Wachstumszeit ertragreiche Pflanze mit hoher Leistung je Zeiteinheit. Diese Eigenschaft läßt sie besonders für den Stoppelfruchtanbau als spätsaatverträgliche Zwischenfruchtfutterpflanze geeignet erscheinen. Darüber hinaus hat sich gezeigt, daß sie ebenso auch zur Ausfüllung sommerlicher Futterlücken (in Haupt- und Zweitfruchtstellung sowie in Form der „Doppelnutzung") eingesetzt werden kann.

Mehrjährige Untersuchungen der Nährstoffzusammensetzung und des Futterwertes der Phazelia unter verschiedenen Standortbedingungen und im Gefäßversuch konnten inzwischen einen weiteren Beitrag zur Lösung des bisher umstrittenen Problems der inneren Werteigenschaften dieser Pflanze liefern. Der besonders bei jungen Pflanzen recht niedrige Trockenmassegehalt besteht zu einem erheblichen Anteil aus Eiweiß und basischen Mineralstoffen, die mit zunehmendem Alter der Pflanzen hauptsächlich zugunsten der schwerverdaulichen organischen Substanzen (Rohfaser, Lignin) deutlich zurückgehen. Da sich junge Phazelia als gut verdaulich erwies, der Futterwert älterer Pflanzen sich aber verschlechtert, interessiert die Frage des optimalen Nutzungszeitpunktes vor allem in praktischer Hinsicht. Die vorliegenden Untersuchungen konnten zeigen (HEYMANN, 1964), daß der Zeitpunkt der beginnenden Vollblüte der Pflanzen nicht überschritten werden darf („kritischer Punkt" der Nutzung), wenn sich der Futterwert nicht stark verschlechtern soll. Der selbst über diesen Zeitpunkt hinaus noch vorhandene erhebliche Ertragszuwachs (Trockenmasse) darf über diese Tatsache nicht hinwegtäuschen. Dagegen erfaßt man bei einer Nutzung zwischen Blühbeginn und beginnender Vollblüte den Höhepunkt der Leistung der Phazelia an verdaulichem Rohprotein.

Aus diesen aufgezeigten Eigentümlichkeiten der Pflanzenzusammensetzung ergeben sich einige Besonderheiten für den Einsatz des Futters in der Praxis, auf die abschließend hingewiesen werden soll.

Junge Phazelia hat ein Eiweiß:Stärkeeinheiten-Verhältnis wie junge Luzerne (etwa 1:3) und sollte deshalb grundsätzlich — auch hinsichtlich ihres hohen Mineralstoffgehaltes — als wertvolles Ergänzungsfutter (Beifutter zum Eiweiß- und Mineralstoffausgleich) behandelt und eingesetzt werden. Dabei ist, solange es irgend möglich ist, der Frischverfütterung vor jeder Art der Konservierung der Vorzug zu geben, da eine Trocknung des Futters praktisch nicht in Frage kommen kann (schwer trocknungsfähig!), die Phazelia-Silierung aber mit einem hohen Unsicherheitsfaktor belastet ist. Wenn trotzdem siliert werden soll, so bieten Anwelksilagen (vortrocknen auf ca. 30% Trockensubstanz) und Mischsilagen mit kohlenhydrat- bzw. zuckerreichen Futterpflanzen (Mais, Sonnenblumen, Grünhafer etc.) die beste Aussicht auf Erfolg. Aus diesen Gründen verdient auch der Gemengeanbau geeigneter Pflanzen mit Phazelia stärkere Beachtung.

Zusammenfassung

Vorliegender Beitrag bildet das zusammengefaßte Ergebnis umfangreicher Untersuchungen zur Ermittlung der inneren Werteigenschaften der Phazelia und deren Veränderungen während ihrer Vegetationszeit. Dargestellt werden der Verlauf der Blatt-:Stengel-:Blütenanteile, des Trockensubstanz-, Rohprotein-, Rohfaser-, Lignin-, NFE- und Mineralstoffgehaltes der Phazelia und ihrer Pflanzenteile sowie die sich aus den Eigentümlichkeiten ihrer Zusammensetzung ergebenden praktischen Probleme. In Auswertung der durchgeführten Silierungs- und Verdaulichkeitsuntersuchungen erfolgt eine Beurteilung der Vergärungsfähigkeit sowie der Nährstoffverdaulichkeit des Futters. Zum Schluß werden die aus den Untersuchungsergebnissen gewonnenen Erkenntnisse in zusammengefaßten Schlußfolgerungen für die praktische Nutzung und den Einsatz der Phazelia in der Fütterung dargestellt.

Резюме

Настоящая работа является обобщением результатов обширных исследований по определению внутренних качеств фацелии и их изменений в течение вегетационного периода. Показано изменение доли листьев, стеблей и цветов, содержания сухого вещества, сырого протеина, сырой клетчатки, лигнина, безазотистых экстрактивных веществ и минеральных веществ фацелии и отедельных частей растения, а также вытекающие из своеобразия их состава практические проблемы. На основе анализа результатов проведенных опытов по силосованию и исследований переваримости дается оценка пригодности фацелии к силосованию и переваримости питательных веществ этого корма. В заключение излагаются полученные на основании результатов исследований краткие выводы по вопросу практического использования фацелли в кормлении.

Summary

This paper includes the summarized result obtained from comprehensive investigations which had been carried out to determine the internal characteristics of valuation of Phacelia as well as their modifications within the period of vegetation. The description covers the development of leaf, stalk, and flower parts, dry matter, crude protein, crude fiber, lignin, NFE, and mineral substance contents of Phacelia and its plant parts, as well as practical problems which are likely to result from the peculiarities of their composition. A statement as to fermentability and digestibility of nutrients contained in the fodder was made in evaluation and interpretation of ensilaging and digestibility tests. Findings derived from the test results are presented by summarized conclusions for practical use of Phacelia and its application to feeding.

Literatur

HEYMANN, W.: Untersuchungen über die Zusammensetzung der Phazelia (*Phacelia tanacetifolia* Benth.) im Hinblick auf ihre praktische Verwendbarkeit als Futterpflanze. Bernburg, Hochsch. f. Landwirtsch., Diss. 1964

HEYMANN, W.: Ein Beitrag zur Kenntnis der Phazelia (*Phacelia tanacetifolia* Benth.) als Futterpflanze. 1. Mitteilung: Ertragsleistung. Thaer-Arch. 9 (1965), S. 1113–1126

LEIN, M.: Die Phazelia als landwirtschaftliche Kulturpflanze. Schr.-R. AID, Bonn, 1953, H. 1

NEHRING, K.: Lehrbuch der Tierernährung und Futtermittelkunde. 6. Aufl., Radebeul und Berlin, Neumann-Verlag, 1955

RUBACH, G.: Untersuchungen über den Wert der Phacelia (*Phacelia tanacetifolia* Benth.) als Futterpflanze. Jena, Friedrich-Schiller-Univ., Diss. 1960

SCHARRER, K.; SCHREIBER, R.: Über die Wirkung der Phacelia (*Phacelia tanacetifolia* Benth.) im frischen und eingesäuerten Zustand bei Milchkühen. Biedermanns Zbl. 12 (1940), S. 299

Anschrift des Verfassers
Dr. WOLFGANG HEYMANN
Institut für Chemie in der Landwirtschaft Leipzig
der Deutschen Akademie der Landwirtschaftswissenschaften zu Berlin
7022 Leipzig, Gustav-Kühn-Straße 8

Autorreferate demnächst erscheinender Arbeiten[1]

Aus dem Institut für Acker- und Pflanzenbau Müncheberg
der Deutschen Akademie der Landwirtschaftswissenschaften zu Berlin

JOHANNES BIRKE

Zeitreihenuntersuchungen über den Einfluß verschiedener agrotechnischer Maßnahmen auf den Nährstoffgehalt von Zuckerrüben- und Maisblättern

Vierjährige Untersuchungen über den Einfluß von unterschiedlich hoher N-Düngung, Beregnung und Tiefenbearbeitung auf den Gehalt an Gesamt-N, P_2O_5 und K_2O von Zuckerrüben- und Maisblättern ergaben:
In Zuckerrübenblättern bewirkte die einseitig hohe N-Düngung eine starke Erhöhung der N-Werte und eine Abnahme sowohl der P_2O_5- als auch der K_2O-Gehalte. Die Beregnung erhöhte in allen Jahren einheitlich den P_2O_5-Gehalt, während die Wirkung auf die anderen Nährstoffe in Abhängigkeit von der konkreten Witterung des Jahres unterschiedlich war. Die Tiefenbearbeitung erhöhte in der Mehrzahl der Jahre den N-Gehalt und zeigte die gleiche Wechselwirkung mit den anderen Nährstoffen wie die hohe N-Düngung. Der Zuckerrübenertrag scheint infolge der realtiv ungenügenden P_2O_5-Düngung hauptsächlich von diesem Nährstoff begrenzt worden zu sein. Aus diesem Grunde war die ertragsteigernde Wirkung der Beregnung mit am größten, während die der hohen N-Düngung geringer bzw. nicht vorhanden war.
Die genannten Maßnahmen hatten nur einen relativ geringen Einfluß auf den Nährstoffgehalt der Maisblätter. Dabei konnte eine starke Vorfruchtwirkung eines einjährigen Kleegrasgemisches unterschiedlicher botanischer Zusammensetzung nachgewiesen werden. Alle Maßnahmen, die sich in den jeweiligen Jahren positiv auf den Maisertrag auswirkten, waren begleitet von einem höheren N-Gehalt der Blätter in der generativen Phase.

Aus dem Institut für Saatgut und Ackerbau Halle-Lauchstädt
der Deutschen Akademie der Landwirtschaftswissenschaften zu Berlin

HERMANN ANSORGE

Nährstoffaufnahme und Nährstoffbilanzen im „Statischen Düngungsversuch“ Lauchstädt nach 60jähriger Versuchsdauer

3. Mitteilung: Kali

Nachdem in zwei vorangegangenen Arbeiten über die Stickstoff- und Phosphorsäureaufnahme im „Statischen Düngungsversuch“ Lauchstädt berichtet wurde, sind in diesem letzten Teil die Erträge, Kaligehalte und Kaliaufnahmen der vier Früchte (Zuckerrüben, Kartoffeln Winterweizen und Sommergerste) als 6jährige Mittelwerte der Parzellen NPK, NP, N und ohne Mineraldüngung a) mit 200 dt/ha Stallmist und b) ohne Stallmist für die Zeit von 1903 bis 1963 aufgezeichnet.
Die unterschiedliche Kalidüngung wirkte sich in hohem Maße auf die Kaligehalte und Kalientzüge der vier Früchte aus. Im Gegensatz zum Stickstoff und zur Phosphorsäure hatte die Unterlassung jeglicher Kalidüngung jedoch bisher noch keine Abnahme der Erträge des Getreides zur Folge. Die Zuckerrüben- und besonders die Kartoffelerträge gingen dagegen auf den Kalimangelparzellen stark zurück.

[1] Sämtliche hier referierten Arbeiten erscheinen ausführlich in einem der nächsten Hefte dieser Zeitschrift.

Bei gleichzeitiger NPK- und Stallmistdüngung wurden im Mittel der vier Früchte und der 60 Jahre 150 kg/ha K_2O jährlich entzogen, während bei Unterlassung jeglicher Kalidüngung K_2O-Mengen jährlich zwischen 50 und 73 kg/ha aus dem Boden nachgeliefert wurden.

Aus dem Institut für Saatgut und Ackerbau Halle-Lauchstädt
der Deutschen Akademie der Landwirtschaftswissenschaften zu Berlin

HERMANN ANSORGE

Untersuchungen über die Wirkung des Stallmistes im „Statischen Düngungsversuch" Lauchstädt

1. Mitteilung: Nährstoffwirkung

Die Untersuchungen an den Ernten und Böden des „Statischen Düngungsversuches" Lauchstädt lassen einen starken Einfluß der Stallmistdüngung erkennen. So verhinderten die im Stallmist enthaltenen Nährstoffe bei Unterlassung der Stickstoff-, Phosphorsäure- oder Kalidüngung sowie auf den Parzellen ohne Mineraldüngung einen stärkeren Abfall der Erträge im Verlauf der 60 Jahre. Gleichzeitig wurden auf den Volldüngungsparzellen durch die zusätzlichen Stallmistgaben infolge der besseren Nährstoffversorgung der Ertrag (8 — 10%) und besonders der Nährstoffgehalt der Ernten merklich erhöht.
Die im Stallmist enthaltenen Nährstoffe beeinflußten nicht nur die Höhe der Erträge, sondern auch den Gehalt an Stickstoff, Phosphorsäure und Kali im Boden. Auf den Parzellen mit kombinierter Stallmist- und Mineraldüngung fand eine Anreicherung an Pflanzennährstoffen im Boden statt. Dies wird sich besonders in Jahren mit geringeren Düngemittelanwendungen positiv auf die Erträge auswirken.
Ferner wurde bei ständiger Stallmistdüngung auch eine Erhöhung der Magnesium- und Mikronährstoffgehalte (Bor, Kupfer, Mangan und Molybdän) im Boden festgestellt. Da der Vorrat an Magnesium und den meisten Mikronährstoffen im Lauchstädter Schwarzerdeboden sehr hoch ist, wirkte sich die Mikronährstoffzufuhr durch den Stallmist bisher nur bei Luzerne durch Verhinderung von Molybdänmangel positiv auf den Ertrag aus.

Aus dem Institut für Pflanzenzüchtung Groß-Lüsewitz
der Deutschen Akademie der Landwirtschaftswissenschaften zu Berlin

JOACHIM SCHREITER und ERNST HIELSCHER

Ein Beitrag zur Art- und Sortendiagnose am Samen von Winterraps und Winterrübsen

1. Bei beiden *Brassica*-Arten, Winterraps und Winterrübsen, liegt ein artspezifisches Verhältnis zwischen Anzahl Aleuronzellen zu Anzahl Palisadenzellen in der Samenschale vor. Das gegebene Verhältnis kann in Verbindung mit den bereits bekannten Artunterschieden am Samen, wie Lumenweite, Netzung, Palisadengröße, für kurzfristige Echtheitsbestimmungen verwendet werden.
2. Im Verhältnis Anzahl Aleuronzellen: Anzahl Palisadenzellen ist der polyploide Groß-Lüsewitzer Winterrübsen-Stamm 3 von den genannten Rapssorten, einschließlich des Groß-Lüsewitzer Winterraps-Stammes P-O2, nicht zu unterscheiden.
3. Sowohl bei Winterraps als auch bei Winterrübsen konnten durch das Verhältnis Schalendicke zu Gesamtdurchmesser/Korn signifikante Art- und auch Sortenunterschiede gefunden werden.

Aus dem Institut für Futterbau
der Hochschule für Landwirtschaft Bernburg

WILHELM SIMON und KLAUS WERNER

Der Einfluß von Futterpflanzen als Haupt- und Zwischenfrüchte auf die Erträge und Fruchtbarkeit verschiedener Böden

Teil VII: Erträge von Fruchtfolgen mit unterschiedlichem Futterpflanzenanteil auf Gneisverwitterungsboden in sehr feuchter Lage

In einem seit 1952 laufenden Fruchtfolgeversuch in sehr feuchter Lage auf flachgründigem Gneisverwitterungsboden stehen sich vier siebenfeldrige Fruchtfolgen mit unterschiedlich hohem Futterpflanzenanteil gegenüber. Die günstige bodenverbessernde Wirkung der Kleegrashaupt- und -zwischenfrüchte führte zu über 20%, der Kleegraszwischenfrüchte allein bereits zu ca. 8% höherer Rotationsleistung gegenüber der Kontrollfolge ohne Futterbau mit sonst gleichen Hauptfrüchten und gleichem Gesamtdüngemittelaufwand. Dieses Versuchsergebnis bestätigt die in dieser Zeitschrift bereits ausgewerteten sechs, seinerzeit vom Institut für Acker- und Pflanzenbau Müncheberg angelegten Fruchtfolgeversuche unter verschiedenen Standortbedingungen in der DDR vollauf und unterstreicht nochmals die Bedeutung des allein im Hinblick auf die Bodenfruchtbarkeit notwendigen Kleegrasanbaus.

www.ingramcontent.com/pod-product-compliance
Lightning Source LLC
LaVergne TN
LVHW091729021026
849161LV00003BB/523